EXTRAIT DU JOURNAL DE ZOOLOGIE
publié par M. Paul Gervais, t. IV, 1875.

LISTE GÉNÉRALE
DES ARTICULÉS CAVERNICOLES
DE L'EUROPE;

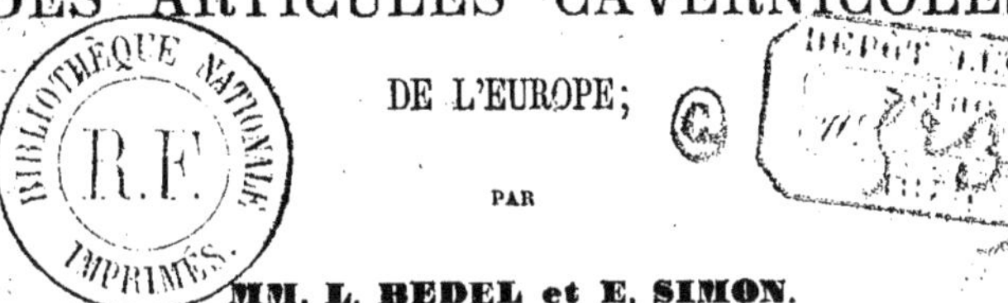

PAR

MM. L. BEDEL et E. SIMON.

Le premier insecte cavernicole a été découvert en Carinthie, par le comte Hohenwart, en 1831. Pendant les années qui suivirent, un certain nombre de types, appartenant à plusieurs ordres de l'embranchement des Articulés, ont été successivement trouvés dans les grottes de la basse Autriche, des Pyrénées et des États-Unis d'Amérique ; mais ce n'est réellement que dans ces dernières années que l'étude de la faune entomologique des grottes a pris une grande extension. L'intérêt qui s'attache aux animaux cavernicoles, en raison de leur genre de vie tout spécial et des modifications physiologiques qui en sont la conséquence, a provoqué, sur divers points, de sérieuses recherches qui ont amené la découverte d'un nombre inattendu d'espèces.

Malheureusement ces découvertes se trouvent consignées dans un très-grand nombre de Mémoires isolés, souvent écrits en langues étrangères et difficiles à réunir.

La difficulté de se procurer les documents ainsi dispersés,

pour se rendre compte de l'état actuel de l'une des questions zoologiques les plus intéressantes, nous a suggéré l'idée de dresser une liste de tous les Articulés qui ont été décrits par les auteurs, comme ayant été trouvés dans les grottes d'une manière constante, habituelle ou accidentelle.

Nous ne parlerons que subsidiairement de ces derniers; pour les autres, nous avons souvent rencontré des difficultés pour séparer les espèces propres aux cavernes de celles qui les fréquentent habituellement sans en être les hôtes exclusifs. A en juger d'après les premières découvertes, qui ont porté sur les types les mieux caractérisés (*Leptodirus, Stalita*), on pouvait croire cette distinction facile à établir; il n'en est rien cependant; les nombreuses recherches, exécutées depuis, ont démontré que, dans la plupart des cas, il est difficile, sinon impossible, de tracer avec certitude une pareille ligne de démarcation.

La réduction ou la disparition des organes de la vue, l'allongement et la gracilité des membres, la décoloration des téguments, qui sont les traits les plus saillants des Articulés cavernicoles, ont été considérés pendant longtemps comme des caractères propres à l'établissement de genres spéciaux (*Anophthalmus, Aphœnops,* etc.); on a dû reconnaître depuis que les espèces ainsi caractérisées se rattachent, par de nombreux intermédiaires, à des genres de même famille, vivant à l'air libre; on peut ajouter que le genre de vie, constamment en rapport avec les caractères anatomiques, présente toutes les transitions correspondantes.

La règle générale que nous venons d'énoncer souffre cependant des exceptions; le genre *Leptodirus* en est une pour les Coléoptères, et elles sont nombreuses dans la classe des Arachnides, qui offre plusieurs types exclusivement propres à la faune des cavernes et jusqu'ici sans analogues dans la faune ordinaire des régions où ils ont été trouvés; le genre *Scotole-*

mon peut être cité comme exemple, car il représente seul en Europe une famille très-nombreuse sous les tropiques, fait analogue à celui qui nous est offert par la distribution géographique des *Hypochthon*, dans la classe des Batraciens.

Une délimitation précise de la faune des cavernes est encore rendue difficile, dans certains cas, particulièrement pour les Arachnides, par l'existence d'une faune terricole, découverte tout récemment sur plusieurs points des côtes méditerranéennes : en Provence, en Corse, en Espagne et même sur le littoral de l'Afrique septentrionale.

Les Arachnides terricoles, qui se trouvent, après les grandes pluies du printemps, sous les grosses pierres profondément enfouies et adhérant au sol par toute leur surface, appartiennent tous aux mêmes genres que les espèces cavernicoles, et leurs organes visuels et locomoteurs sont affectés de la même manière.

L'analogie est poussée si loin, que, dans certains cas, il est très-probable que les deux faunes se fondent, leurs espèces étant à la fois cavernicoles et terricoles (*Scotolemon*, *Cyphophthalmus*).

En raison de ces difficultés, nous avons placé dans le texte les espèces cavernicoles ou celles qui nous paraissaient telles, d'après les renseignements fournis par les auteurs qui les ont fait connaître, et nous avons cité en note les espèces qui se trouvent habituellement, mais non pas exclusivement, dans les grottes, et les espèces terricoles.

Il nous reste à dire quelques mots des conditions dans lesquelles vivent les Articulés cavernicoles et de leur distribution géographique.

Ces animaux ont été, jusqu'ici, presque tous observés dans les cavités souterraines des terrains calcaires ; on a remarqué qu'une certaine humidité paraît être la condition principale de leur présence dans les parties accessibles des grottes ; on peut les trouver pendant toute l'année, car leurs générations se succèdent sans intervalle, grâce à l'égalité de la température. Quelques espèces se rencontrent courant à la surface du sol ou sur les parois (*Aphænops*, *Stalita*, etc.), mais le plus grand nombre habite sous les pierres; quelques-uns même s'enterrent profondément dans la boue humide (*Scotolemon*, quelques *Anophthalmus*, etc.).

Quant à la distribution géographique, les espèces cavernicoles d'Europe se rattachent à deux centres principaux, les Pyrénées et les Alpes, qui déterminent, à part quelques exceptions, leur limite septentrionale; autant qu'on en peut juger d'après les données actuelles, ils n'atteignent pas dans le sud, en Espagne et en Italie, les ramifications extrêmes des Pyrénées et des Alpes; le *Spelæochlamys Ehlersi*, trouvé dans la grande caverne d'Alcoy (province d'Alicante), est jusqu'ici leur représentant le plus méridional; plus au sud, la faune spéciale des grottes semble remplacée par la faune terricole dont nous avons parlé plus haut.

Il est à noter qu'aux Etats-Unis les grottes qui ont fourni des espèces spéciales sont situées sous les mêmes latitudes que les Pyrénées et les Alpes.

Les genres représentés dans la faune des grottes offrent presque tous une vaste extension géographique; beaucoup sont communs à l'ancien et au nouveau monde; les espèces, au contraire, sont extrêmement localisées. Les recherches les plus récentes ont ainsi pleinement confirmé ce que disait Lespès, il y a plus de vingt ans : « Les faunes souterraines nous offrent un curieux exemple de parallélisme, d'analogie comme genre ou famille, de distinction profonde comme espèces : chaque caverne ou chaque groupe de cavernes est un centre de création tout à fait distinct. »

PREMIERE PARTIE

CRUSTACÉS, ARACHNIDES ET MYRIAPODES

PAR

M. E. SIMON.

Classe des CRUSTACÉS.

Des Crustacés *amphipodes* et *isopodes* de plusieurs genres, et presque tous complétement aveugles, ont été depuis longtemps observés dans les eaux souterraines des grottes de la basse Autriche. On pouvait croire que les grottes de l'Europe, moins favorisées que celles de l'Amérique du Nord (1), ne possédaient point de Crustacés *décapodes;* une découverte toute récente de M. Treyer est venue combler cette lacune.

Ordre I. DÉCAPODES.

Genre TROGLOCARIS, Dorm., *Lotos* (journal), 3e *année*, p. 85.

Appartient à la famille des *Carides*, du sous-ordre des Décapodes macroures.

1. T. SCHMIDTI, Dorm., *loc. cit.*, p. 85.

Ce Caride a été découvert dans la Kumpoljska jama (Carniole), par M. Treyer, puis retrouvé dans d'autres grottes de la même région.

(1) Les grottes du Kentucky donnent une espèce de Crustacé décapode, de grande taille et d'une organisation *plus élevée*, qui se rapproche beaucoup des *Astacus*; cette espèce a été décrite et figurée par M. Hagen, sous le nom de *Cambarus pellucidus* (*Monog. of the Nord-Amer. Astacidæ*, p. 55, pl. I, fig. 68-71).

Ordre II. AMPHIPODES.

Les Amphipodes lucifuges ne sont pas exclusivement propres aux grottes, ils se trouvent aussi dans les puits, les citernes et en général dans toutes les eaux souterraines et soustraites à l'action de la lumière, dans presque toute l'Europe; ils ont même d'abord été découverts dans ces conditions et ce n'est que longtemps après que leur présence dans les grottes a été signalée.

Le premier Amphipode lucifuge a été découvert en Angleterre par le Dr Leach dans un puits attenant à l'hôpital de Saint-Bartolomew; cette capture fut alors regardée comme accidentelle, et il n'y fut pas donné grande attention. En 1835, M. le professeur Gervais signala le même animal aux environs de Paris, et, quelques années après, Ch. Koch publia les descriptions et les figures de deux espèces, provenant des puits de Ratisbonne, dans la suite du grand ouvrage de Panzer sur les insectes d'Allemagne; en 1865, le Dr Schiödte en rencontra plusieurs individus dans les grottes de la Carniole, et c'est à lui que l'on doit l'établissement du genre *Niphargus*.

Genre NIPHARGUS, Schiödte, *Act. Soc. Roy. Dan.*, p. 26. 1851.

Les Amphipodes lucifuges ont été regardés par les premiers auteurs comme des *Gammarus* et même comme de simples variétés de l'une des espèces les plus communes de ce genre. En établissant le genre *Niphargus*, le Dr Schiödte a montré que l'absence ou la réduction des yeux n'est pas le seul caractère propre à ces animaux; il s'y joint plusieurs particularités remarquables ayant certainement une valeur générique. Le principal caractère du genre *Niphargus* est la grande longueur et la gracilité de l'une des branches des appendices du dernier segment abdominal. Les yeux existent, mais ils sont complétement dépourvus de pigment et très-difficiles à distinguer (1).

1. N. SUBTERRANEUS, Leach.

Gammarus subterraneus, Leach, *Edim. Ency.*, VII, p. 403.

(1) Caspary (*Verh. d. Naturf. Vereins. für Rheinland.*, Jahrg. 6) et Hosius ne purent distinguer aucune trace d'yeux; mais M. P. Gervais (*Ann. Sc. Nat.*, 2e sér., t. IV, p. 128) démontra que les yeux existent réellement, mais qu'ils manquent de pigment; M. Westwood a publié de nouvelles observations, confirmant celles de M. Gervais (*Hist. Br. sess. eyed Crustacea*, t. I, p. 311).

Gammarus pulex, minutus, Gervais, *Ann. Sc. Nat.*, 2e sér., IV, p. 128.

Gammarus puteanus, C. Koch. *Suppl. à Panzer, Ins. Germ.*, nº 186, pl. XXII.

Gammarus puteanus, Caspary, *Verh. d. Naturf. Ver. für Rheinland*, Jahrg. 6, 1849.

Gammarus puteanus, Hosius, *De Gammari speciebus, Diss. Acad.*, 1850, pl. I, fig. 7.

Niphargus aquilex, Schiödte, *Comm. Soc. Roy. Dan.*, p. 350, 1855.

Niphargus stygius, Schiödte, *Kongl. Dansk. Vid.*, etc., 1851, p. 26, pl. III. — *N. stygius*, Sp. Bate et Westwood, *Hist. sess. eyed Crust.*, t. I, p. 315.

C'est la seule espèce qui ait été rencontrée en même temps dans les puits et dans les grottes; c'est à elle que s'appliquent les observations qui précèdent. Le Dr Schiödte l'a rencontrée particulièrement dans les grottes d'Adelsberg et de Lueg en Carniole (1).

Ordre III. ISOPODES.

1° Gen. TITANETHES, Schiödte, *Kongl. Dansk. Vidensk. Selsk. Skrifter*, 1851, p. 28.

Ce genre, très-voisin du genre *Asellus* Geoff., dont il a le faciès et la taille, a été découvert par le Dr Schiödte dans les eaux souterraines des grottes de la Carniole. Il se distingue, à première vue, des autres types de la famille des *Asellidæ* par l'absence totale des yeux.

1. T. ALBUS, Schiödte, *loc. cit.*, p. 29, pl. XXVII.

(1) Les autres Amphipodes non cavernicoles, mais habitant les puits et les eaux souterraines, sont :

1. ***Niphargus fontanus***, Sp. Bate, ***Proc. Dubl. Univ. Zool. and Bot. Ass.***, 1859. — D'Angleterre.

2. ***Niphargus kochianus***, Sp. Bate, ***loc. cit.***, 1859. — D'Angleterre.

Genre CRANGONYX, Sp. Bate, *loc. cit.*, 1859.

1. ***Crangonyx subterraneus***, Sp. Bate, ***loc. cit.***, 1859.— Dans les puits en Angleterre.

Il n'est pas impossible que le ***Gammarus Ermani*** de Milne-Edwards ne rentre dans le même genre.

Pour plus de détails, voir l'excellent ouvrage de MM. Spence Bate et Westwood : ***History British sessile-eyed Crustacea***, t. I, p. 311 à 328.

Commun dans toutes les grottes de la Carniole; trouvé aussi dans une grotte de l'Istrie, appelée Corneole (1).

2° Gen. MONOLITRA, Gerstæcker, *Wiegm. Arch.*, XXII° année, 2° livr.

Appartient à la division des *Sphæromidæ cheliferæ*, Milne-Edw. Il diffère du genre *Ancinus* par l'absence des yeux.

1. M. CÆCA, Gerstæcker, *loc. cit.*, p. 159, pl. VI, fig. 5 à 14. — Heller, *Sitz. Akad. Wien.*, XXVI, p. 315 (1858).

Classe des ARACHNIDES.

La classe des Arachnides est représentée, dans la faune des grottes de l'Europe, par de nombreuses espèces, appartenant aux ordres des *Araneæ*, des *Pseudo-Scorpiones* et des *Holetra*.

Ordre I. ARAIGNÉES.

De véritables Araignées, appartenant à plusieurs familles dont les espèces sont nocturnes et lucifuges, ont été rencontrées dans les cavités souterraines des Pyrénées, de Carniole et de Dalmatie. Quelques-unes appartiennent à des genres nombreux en espèces, dont les autres représentants vivent à l'air libre, comme les *Linyphia* et les *Erigone*; d'autres doivent former des genres particuliers, caractérisés non-seulement par l'absence ou la réduction des organes de la vision, mais aussi par des détails de structure qui paraissent indépendants de

(1) On connaît deux autres espèces du genre *Titanethes*, mais les auteurs qui les ont décrites ne les donnent pas comme cavernicoles.

1. *Titanethes alpicola* (Kollar), Heller, *Sitz. Akad. Wien.*, XXVI, p. 315, 1858. — Découvert par Kollar sur le Schafberg, sous les pierres.

2. *Titanethes graniger*, Frivaldsky, *Schriften der Ungar. Acad.*, 1865, p. 91. — Des Carpathes.

Les grottes du Kentucky possèdent un petit Isopode voisin des *Titanethes*, qui est décrit par M. Packard sous le nom de *Cæcidotea stygia* (*American Naturalist*, 1872, Salem).

Bilimek indique, sous le nom d'*Armadillo cacahuamilpensis*, un Isopode de la grotte de Cacahuamilpa, près Mexico (*Verh. zool. bot. Ver. Wien.*, 1867, p. 907).

la vie souterraine : telles sont les *Stalita*, les *Chorizomma* et les *Leptoneta*.

En compagnie de ces espèces essentiellement cavernicoles, ont été trouvées dans les grottes, sans aucune modification apparente, quelques-unes des Araignées, qui habitent d'ordinaire les caves des maisons et les chambres obscures, telles que le *Nesticus cellulanus*, Cl., la *Meta Menardi*, Latr., l'*Amaurobius ferox*, Walck., la *Linyphia pallida*, Camb., etc., que nous n'avons pas comprises dans l'énumération qui va suivre.

L'absence complète des yeux n'a été observée que chez la *Stalita tænaria* et l'*Hadites tegenarioides ;* l'atrophie plus ou moins prononcée de ces organes, dans les autres espèces, suit une marche régulière, confirmant l'opinion que nous avons émise (1) sur le rôle distinct des deux sortes d'yeux dont toutes les Araignées crépusculaires ou nocturnes sont pourvues. Les yeux médians du premier rang, qui, dans ces espèces, sont seuls destinés à une vision diurne, disparaissent les premiers; dans quelques genres, chez les *Linyphia*, par exemple, on peut suivre leur réduction graduelle suivant que les espèces sont plus ou moins lucifuges; tandis que les ténèbres n'ont que peu d'influence sur la taille, la position et le nombre des autres yeux.

Chez les types plus profondément modifiés que les *Linyphia* et plus essentiellement cavernicoles, les yeux diurnes ne se montrent jamais et les yeux nocturnes subissent quelquefois aussi un arrêt de développement plus ou moins complet; la *Leptoneta microphthalma* et le *Nesticus speluncarum* n'ont que quatre yeux, par suite de la disparition des yeux médians du premier rang (diurnes) et des médians du second rang (nocturnes); ces derniers paraissent avoir beaucoup de peine à s'effacer; j'ai vu des individus de *Leptoneta microphthalma* possédant six yeux nocturnes comme les autres *Leptoneta*, d'autres chez lesquels les médians postérieurs étaient beaucoup plus petits que les latéraux, d'autres enfin où les yeux latéraux étaient seuls visibles.

L'habitat des Araignées cavernicoles est toujours assez restreint ; les genres sont en général propres à des régions ; c'est ainsi que la Dalmatie possède seule des *Hadites*, la Dalmatie et la Carniole des *Stalita*, tandis que les *Leptoneta* et les *Chorizomma* ne se rencontrent que dans les Pyrénées; les espèces sont quelquefois identiques dans les grottes

(1) Voy. Simon : *Arachnides nouveaux ou peu connus du midi de l'Europe* (*Mém. Soc. Roy. d. Sc. de Liége*, 2e sér., V, 1873).

voisines les unes des autres, mais elles diffèrent dans les grottes un peu éloignées ou séparées par de profondes vallées.

1° Genre Stalita, Schiödte, *Forelœbig Beretn. om d. underjord Fauna*, p. 80, 1847.

La plus anciennement connue des Araignées cavernicoles de l'Europe a été découverte dans les vastes cavernes de la Carniole et décrite par le professeur Schiödte en 1847, sous le nom de *Stalita tænaria*.

En 1862, le comte Keyserling a donné, sous le même nom spécifique, une nouvelle description et une figure d'une *Stalita* habitant une grotte de l'île de Lesina en Dalmatie.

On sait aujourd'hui que l'espèce de Lesina est différente de celle de Carniole; le professeur Schiödte l'a démontré dans un récent Mémoire sur ce sujet (1) et M. T. Thorell a proposé pour cette espèce le nom de *St. Schiœdtei* (2).

Les *Stalita* sont des Araignées de taille au-dessus de la moyenne, ressemblant aux *Dysdera* par la forme générale du corps, les chelicères puissantes et un peu projetées en avant, la présence de quatre stigmates épigastriques; elles en diffèrent néanmoins par des pattes assez grêles et longues rappelant celles des *Loxosceles* et terminées par trois griffes tarsales comme chez les *Ariadne*.

1. S. tænaria, Schiödte, *loc. cit.*, p. 80.

Espèce type du genre; elle est complétement dépourvue d'yeux.

Des grottes d'Adelsberg et de la Madeleine en Carniole (3); signalée depuis par Wankel dans la grotte de Béziskala (Josepsthal).

2. S. Schiödtei, Thorell, *On Eur. Spid.*, p. 156 (1870).

Stalita tænaria, Keyserling, *Verhandl. zool. bot. Ver. Wien* 1862, p. 540, pl. xvi, f. 1.

La *Stalita Schiœdtei*, décrite par le comte Keyserling sous le nom de

(1) Voy. Schiödte: *Om slægten Stalita* (*Naturhist. Tidskr.*, 3 Rœkke, Bd. III, 1865).

(2) Voy. T. Thorell: *On European Spid.*, p. 156 (1870).

(3) Dans la relation d'une exploration de la grotte d'Adelsberg, Schmidt parle de deux autres Araignées dont M. Dobliska n'a pu déterminer que le genre; l'une serait une *Clubiona*, l'autre une *Lycosa* (voy. *Verhand. zool. bot. Ver. Wien.*, t. III (1853); Sitz., p. 155).

S. tænaria par confusion avec l'espèce précédente, est propre aux grottes de l'île de Lesina. Elle présente sur le bord frontal six petits yeux rudimentaires, d'un blanc brillant et visibles seulement à la loupe ; ces yeux forment un groupe serré, deux fois plus large que long; ils sont placés sur deux rangs comme chez les *Ariadne:* le premier de quatre, le second de deux yeux.

2° Genre LEPTONETA, E. Simon, *Ann. Soc. ent. Fr.*, 1873, p. 477.

Les *Leptoneta*, qui appartiennent, comme les *Stalita*, à la famille des *Dysderidæ*, s'éloignent encore plus du type normal de cette famille.

Ce sont de petites Araignées, dont les téguments incolores et presque diaphanes, les pattes fines et très-longues, rappellent les *Pholcus*.

Les yeux, généralement au nombre de six, sont petits et disposés en deux groupes bien séparés; le premier groupe, situé vers le tiers antérieur du céphalothorax, est formé de quatre yeux très-rapprochés formant une ligne fortement arquée en avant; le second groupe, plus reculé, est formé de deux très-petits yeux connivents; ce groupe d'yeux s'efface quelquefois chez la *L. microphthalma*.

Les *Leptoneta* ont été rencontrées en assez grand nombre dans les grottes pyrénéennes; elles filent une petite toile irrégulière sous les pierres ou dans les fissures et les angles des parois rocheuses. Les trois seules espèces connues ont été décrites par nous (1).

1. L. CONVEXA, E. Simon, *Ann. Soc. ent. Fr.*, 1873, p. 479.

Plusieurs individus trouvés dans la grotte de Peyort, près Prat (Ariége).

2. L. MICROPHTHALMA, E. Simon, *loc. cit.*, p. 480.

Habite la grotte d'Estellas (Ariége), où elle est très-commune.

3. L. INFUSCATA, E. Simon, *loc. cit.*, p. 481.

Paraît particulière à la grotte de Neuf-Fonts, près Aulus (Ariége) (2).

(1) Une ***Leptoneta*** s'est trouvée parmi mes Araignées de Corse sans que je me souvienne des conditions dans lesquelles je l'ai prise.

(2) C'est à côté du genre ***Leptoneta*** que doit prendre place la plus anciennement connue de toutes les Araignées cavernicoles, l'***Anthrobia mammouthia***, Tellkampf, de la fameuse grotte de Mammouth, au Kentucky. — Je dois à mon ami M. Packard, de Salem, la communication de cette espèce intéressante, que la plupart des auteurs, trompés par la description incomplète de M. Tellkampf, ont regardée à tort comme un ***Mygalidæ***. L'***Anthrobia*** présente presque tous les caractères des ***Leptoneta***, mais elle est complétement aveugle.

3° Genre Hadites, Keyserling, *Verhand. zool. b. Ver. Wien* 1862, p. 541.

Le genre *Hadites* a été découvert par le comte Keyserling, en même temps que la *Stalita Schiœdtei* dans les grottes de l'île de Lesina.

Le genre *Hadites* est complétement aveugle; il appartient à la famille des *Agelenidæ* et paraît assez voisin du genre *Agelena*, principalement par la proportion de ses pattes et la disposition de ses filières dont les antérieures sont très-longues et formées de deux articles.

1. H. tegenarioides, Keyserling, *loc. cit.*, p. 542.

De Lesina en Dalmatie.

4° Genre Chorizomma, E. Simon, *Ann. Soc. ent. Fr.*, 1873, p. 220.

Ce genre, qui représente la famille des *Agelenidæ* dans les grottes des Pyrénées, est assez voisin du genre *Hadites*; il en diffère néanmoins par la présence de six yeux très-apparents et par ses filières, placées, comme chez les *Hahnia*, sur une seule ligne transverse.

Les yeux sont gros, égaux, disposés en deux groupes rapprochés sur le devant du front et formés de trois yeux chacun. — Nous avons donné la description et la figure de l'espèce type :

1. C. subterranea, E. Simon, *loc. cit.*, p. 221.

Trouvée par MM. Abeille, de Bonvouloir et Marquet dans les grottes de l'Ariége.

5° Genre Linyphia, Latr.

Les nombreuses espèces du genre *Linyphia*, assez étroitement unies par leurs caractères anatomiques, diffèrent beaucoup les unes des autres par leurs habitudes et leur genre de vie; les unes, et ce sont les plus nombreuses, se trouvent au printemps ou en été sur les buissons et les plantes basses, qu'elles couvrent de toiles en forme de nappe maintenue horizontalement par un double réseau irrégulier; d'autres habitent sous les pierres; d'autres recherchent les caves et les chambres obscures; quelques-unes, enfin, ont été rencontrées dans les grottes. — Celles-ci sont facilement reconnaissables à leurs téguments incolores et à la petitesse de leurs yeux médians du premier rang, tandis que les yeux latéraux de la même ligne et les quatre yeux de la seconde ligne ne présentent rien de remarquable.

1. L. CAVERNARUM, L. Koch, *Verhand. zool. b. Ver. Wien*, 1872, p. 127.

Grotte de Rosenmüller à Muggendorf en Franconie.

2. L. ROSENHAUERI, L. Koch, *loc. cit.*, p. 128.

Trouvée dans plusieurs grottes de la vallée de Muggendorf, particulièrement dans celles de Schönstein, Rosenmüller et Gailenreuter; trouvée aussi, par le professeur Leydig, dans la grotte de Falkenstein à Urach (Alpes Souabes).

3. L. TROGLODYTES, L. Koch, *loc. cit.*, p. 131.

De la grotte de Rosenmüller à Muggendorf en Franconie.

4. L. PROSERPINA, E. Simon, *Ann. Soc. ent. Fr.*, 1873, p. 475.

Découverte par M. Ch. de la Brûlerie dans la grotte de Rieufourcand, près Bélesta (Ariége).

5. L. SANCTI-VINCENTI, E. Simon, *loc. cit.*, p. 476.

De la grotte de Saint-Vincent à Mélan, près Thoard (Basses-Alpes).

6° Genre ERIGONE, Sav.

Deux espèces, appartenant à deux groupes éloignés du nombreux genre *Erigone*, ont été trouvées dans les grottes pyrénéennes.

Comme les *Linyphia* vivant dans les mêmes conditions, ces *Erigone* sont remarquables par l'extrême réduction des yeux médians du premier rang.

1. E. LUSISCA, E. Simon, *Ann. Soc. ent. Fr.*, 1873, p. 219.

Cette espèce, dont on doit la découverte à M. Abeille de Perrin, est du groupe des E. *parallela*, Wider., et *picina*, Bl. — De l'Ariége.

2. E. SPELÆA, E. Simon, *loc. cit.*, p. 474.

Voisine des *Erigone rufa*, Wider., et *sylvatica*, Sund.

Plusieurs exemplaires trouvés, par M. Ch. de la Brûlerie, dans la grotte de Neuf-Fonts, près Aulus (Ariége).

7° Genre Nesticus, Th.

L'espèce type de ce genre, le *N. cellulanus*, a été trouvée dans presque toutes les grottes; mais, comme elle est en même temps l'hôte habituel des caves et des maisons abandonnées, nous n'en parlerons pas ici.

L'espèce suivante, décrite récemment par M. le professeur P. Pavesi, mérite seule d'être comptée parmi les Arachnides cavernicoles.

1. N. spelungarum, P. Pavesi, *Ann. d. Mus. civ. di St. Nat. di Genova*, vol. IV (1873), p. 344.

Espèce très-voisine du *N. cellulanus*, mais dont les yeux ont subi la même modification que chez la *Leptoneta microphthalma*, c'est-à-dire que les quatre yeux latéraux sont seuls visibles, les médians ayant complétement disparu.

De la grotte de Lupara, près la Spezia (1).

Ordre II. PSEUDO-SCORPIONS (*Cheliferidæ*).

Un genre spécial comprenant trois espèces et une espèce du grand genre *Obisium* représentent les Chéliférides ou pseudo-scorpions dans la faune des grottes de l'Europe.

Le genre spécial, appelé *Blothrus* par le professeur Schiödte, est complétement aveugle, mais ce fait a peut-être ici moins d'importance que chez les vraies Araignées et les Holètres, car chez les Chéliférides la disparition des yeux est assez fréquente, et n'est pas toujours l'indice d'un habitat souterrain; c'est ainsi que le genre *Chernes*, dont les espèces assez nombreuses vivent sous les écorces des arbres, est toujours dépourvu d'yeux.

1° Genre Blothrus, Schiödte, *Kongl. Dansk. Vidensk. Selsk. Skrifter*, 1851.

Les *Blothrus* sont des Chéliférides remarquables par leurs formes grêles et élancées, leurs pattes et leurs pattes-mâchoires relativement très-longues et très-fines. Cependant la longueur et la gracilité des

(1) Bilimek décrit, sous le nom de *Pholcus cordatus*, une espèce de la grotte de Cacahuamilpa, près Mexico (*Verh. zool. b. Ver. Wien*, 1867, p. 907).

membres, poussées à l'excès chez l'espèce type, sont moins prononcées chez les espèces, découvertes depuis, dans les Pyrénées, et surtout dans les Carpathes ; aussi le genre *Blothrus* s'éloigne-t-il beaucoup moins du type ordinaire de la famille qu'on ne le pensait, quand l'espèce de Carniole était seule connue.

Les *Blothrus* se rapprochent plus des *Obisium* que des *Chelifer* et des *Chernes ;* ils ont de commun, avec le premier de ces trois genres, d'avoir l'article mobile des chelicères simple, graduellement atténué et un peu courbe.

1. B. spelæus, Schiödte, *loc. cit.*, p. 23, pl. i, f. 2.

Des grottes de Carniole, principalement de celles d'Adelsberg et de la Madeleine.

2. B. Abeillei, E. Simon, *Ann. Soc. ent. Fr.*, 1873, p. 224.

Découvert dans la grotte d'Estellas (Ariége) par M. Abeille de Perrin. Nous l'avons décrit et figuré avec détail.

3. B. brevimanus, Frivaldsky, *Schriften. der Ungar. Acad.*, 1865, p. 88, pl. xiii, fig. 3.

Cette espèce ne m'est connue que par la diagnose suivante, reproduite par M. von Heyden, dans le *Berliner entomolog. Zeitsch.*, 1869, p. 59.

« Antice mucronato cephalothorace, palpisque maxillaribus rufo-testaceis; pedibus testaceo-pallidis, non elongatis; abdomine livido, hujus segmentorum dorsalium scutis fulvescentibus. »

Des Carpathes.

2° Genre Obisium, Leach.

Une espèce d'*Obisium* a été rencontrée, en même temps que le *Blothrus Abeillei*, mais plus communément, dans les grottes de l'Ariége. M. le Dr L. Koch en a donné la description dans une récente monographie des espèces européennes de la famille des Cheliferidæ.

1. O. cavernarum, L. Koch, *Europœisch. Chernet. Nürnb.*, 1873, p. 55.

L'*Obisium* cavernicole est pourvu de deux paires d'yeux, aussi développées que celles des autres espèces du genre, qui toutes vivent dans les mousses et les détritus végétaux. Il se rapproche de l'*Obisium Simoni*,

L. K., par l'article fémoral des pattes-mâchoires finement granulé, mais s'en distingue par la main des pattes-mâchoires régulièrement ovale, tandis que cette partie est très-convexe en avant chez *O. Simoni.*

Trouvé en nombre par MM. Abeille et de la Brûlerie dans les grottes du département de l'Ariége; j'en ai vu aussi un exemplaire pris par M. l'abbé Garnier, dans la grotte d'Arcis-sur-Cure, département de l'Yonne.

Ordre III. HOLÈTRES, Latr.

L'ordre des Holètres est largement représenté dans la faune souterraine de l'Europe; les familles des *Nemastomidæ*, des *Opilionidæ*, des *Gonyleptidæ* et des *Trogulidæ* fournissent leur contingent. Chez aucun de ces types on ne constate la disparition, ni même la réduction, des organes de la vision; aussi le *Phalangodes armata*, Tellkampf, de l'Amérique du Nord, est-il jusqu'ici le seul Holètre aveugle.

Quelques Holètres cavernicoles appartiennent à des genres dont la plupart des espèces vivent à la lumière du soleil, comme les *Liobunum* et les *Ischyropsalis;* d'autres constituent des genres spéciaux, dont l'un, *Scotolemon,* présente un grand intérêt, parce qu'il est seul à représenter en Europe la famille des *Gonyleptidæ.*

On pourrait ajouter à la liste quelques représentants des familles inférieures de l'ordre des Holètres, particulièrement des *Ixodidæ* et des *Gamasidæ;* mais ces espèces, qui vivent en parasites sur les chauves-souris ou qui sont attirées par leurs déjections, ne nous ont pas semblé devoir être comptées parmi les habitants ordinaires des grottes; pour cette raison nous ne parlerons pas du genre *Eschatocephalus*, Frauenfeld (1).

(1) Le genre ***Eschatocephalus*** a été fondé par Frauenfeld (***Verh. zool. b. Ver. Wien.***, 1853) pour un ***Ixodes*** aveugle, remarquable par la longueur et la finesse de ses pattes et par la forme de ses palpes, trouvé dans les grottes de la Carniole. Les espèces connues jusqu'ici sont :

1. ***E. gracilipes,*** Frauenfeld, ***Verh. zool. b. Ver. Wien.***, 1853, p. 57.— De la grotte d'Adelsberg; signalé depuis, par Schmidt, dans la grotte de Baradla, en Hongrie.

2. ***E. hispanus,*** Schaufuss (?). — D'Espagne.

3. ***E. Frauenfeldi***, L. Koch, ***Apt. fränk. Jura,*** 1868, p. 150.— De la grotte de Rosenmüller, près Muggendorf.

1° Famille des NEMASTOMIDÆ.

La famille des Némastomides, dont le caractère est d'avoir les pattes-mâchoires dépourvues d'épines et de griffe terminale, compte en Europe deux genres nombreux, dont l'un (*Nemastoma*) a les chelicères très-courtes, et l'autre (*Ischyropsalis*) les chelicères très-longues et plus ou moins armées de robustes épines; ce dernier renferme seul un certain nombre d'espèces cavernicoles.

1° Genre ISCHYROPSALIS, C. Koch, *Ubersicht. d. Arach. Syst.*, II, p. 23, 1839.

Les *Ischyropsalis* ne sont pas tous cavernicoles, comme je l'ai cru longtemps; il est avéré aujourd'hui que les espèces d'Allemagne et des Alpes, qui ont servi à la création du genre, se trouvent simplement sous les pierres et sous les écorces soulevées dans les grandes forêts (1);

4. ***E. Seidlitzi***, L. Koch, *loc. cit.*, p. 151. — De la grotte d'Almas, en Franconie.

Frauenfeld suppose que les ***Eschatocephalus*** vivent, comme l'***Argas reflexus***, en parasite sur les Pigeons, très-abondants dans les grottes de Carinthie et de Carniole; mais plusieurs espèces ayant été trouvées depuis dans des grottes non fréquentées par des Pigeons, nous pensons qu'ils sont plutôt parasites des Chéiroptères qui ne manquent dans aucune cavité souterraine.

Les ***Gamasidæ*** et ***Eupodidæ*** décrits par Wankel, comme ayant été trouvés dans les grottes de Moravie, sont : ***Scyphius spelæus***, ***Linopodes subterraneus***, ***Gamasus loricatus*** et ***Gamasus niveus*** (voy. *Sitz. Akad. Wiss. Wien.*, 1861).

(1) Les ***Ischyropsalis*** non cavernicoles sont les suivants :

1. *I. Helwigi*, Panz. (sub : *Phalangium*), Ch. Koch, *Ar.* VIII, p. 17, fig. 603.

Se trouve en Bavière, dans le cercle de Basse Franconie, dans les grandes forêts, sous les écorces des arbres décomposés.

2. ***I. Kollari***, Ch. Koch, *Ar.* VIII, p. 19, fig. 604.

De la région des Alpes, à une faible hauteur; Kollar l'a découverte aux environs de Gastein, sous l'écorce soulevée d'un arbre abattu.

3. ***I. Herbsti***, C. Koch, *Ar.* XVI, p. 68, fig. 1545.

Trouvé par Schmidt, à Laibach, en Carniole, et à Esino, près le lac de Côme (d'après Canestrini). Il est possible que cette espèce vive dans les grottes si nombreuses en Carniole.

Sur les deux suivantes, les auteurs ne donnent pas de détails de mœurs :

les espèces des Pyrénées et d'Espagne se rencontrent seules exclusivement dans les grottes; on voit que, sous le rapport de la distribution géographique de ces espèces et de leurs mœurs, le genre *Ischyropsalis* présente plusieurs points de ressemblance avec le genre *Pristonychus*, de l'ordre des Coléoptères.

Les yeux, élevés sur un mamelon frontal plus ou moins saillant, sont aussi développés chez les espèces cavernicoles que chez les autres.

Les *Ischyropsalis* sont des Arachnides de grande taille, dont les téguments, vivement colorés, ne semblent pas indiquer d'habitudes lucifuges; leurs chelicères, souvent deux fois plus longues que le corps et hérissées de puissantes épines, leur donnent une physionomie étrange.

Elles se rencontrent isolément dans le fond des grottes, soit sous les pierres, soit dans les petites cavités des parois; leurs mouvements sont très-lents.

1. I. DISPAR, E. Simon, *Ann. Soc. ent. Fr.*, 1873, p. 227.

Découverte par M. Ch. de la Brûlerie dans une grotte, appelée *Cueva de Albia*, près Orduno (Biscaye).

Nous avons décrit avec détail et figuré cette belle espèce, en même temps que les deux suivantes. Les sexes sont très-dissemblables; en effet, chez le mâle les chelicères sont inermes, tandis que chez la femelle elles sont armées de nombreuses épines. Les principaux caractères de l'espèce sont fournis par l'article basilaire des chelicères qui est élargi et géniculé au sommet, et par les tarses de la seconde paire de pattes qui ont plus de 40 articles.

2. I. ROBUSTA, E. Simon, *loc. cit.*, p. 230.

Deux exemplaires, que je suppose être des femelles, ont été pris par M. Ch. de la Brûlerie dans une cavité peu profonde, mais néanmoins obscure, à Gerez (province de Tras-os-Montes).

Elle est voisine d'*I. manicata*, L. Koch; elle s'en distingue cependant par une taille plus grande et par un mamelon oculifère moins large et plus séparé de la base des chelicères; l'article basilaire de celles-ci a, chez *I. manicata*, un plus grand nombre d'épines.

4. *I. manicata*, L. Koch, *Kennt. d. Arach. Tirols*, 1868. — De Transylvanie.

5. *I. dentipalpis*, Canestrini, *Ann. Mus. civ. di Stor. Nat. di Genova*, vol. II, 1872. — De Gressoney-Saint-Jean (Alpes-Pennines).

3. I. LUTEIPES, E. Simon, *loc. cit.*, p. 484.

Deux exemplaires de la grotte du Quère, près Massat (Ariége).

Cette *Ischyropsalis* est voisine d'*I. manicata* et *robusta*, mais ses chelicères permettront toujours de la distinguer de l'une et de l'autre; de *manicata* par l'article basilaire non élargi à l'extrémité, de *robusta* par la présence d'épines secondaires entre les épines principales du premier article et par les denticulations de la base de la main.

4. I. PYRENÆA, E. Simon. — *Ischyropsalis Helwigi*, E. Simon, *loc. cit.*, p. 483 (non Panzer et Ch. Koch).

Un certain nombre d'individus trouvés dans la grotte d'Estellas (Ariége) par plusieurs explorateurs.

Dans mon second mémoire sur les Arachnides hypogés (*Ann. Soc. ent. Fr.*, 1873), j'ai parlé de cette *Ischyropsalis* comme d'une variété de l'*Helwigii* de Panzer ; mais j'ai eu, depuis, l'occasion de comparer de nouveaux exemplaires, qui m'ont convaincu de la validité de l'espèce pyrénéenne, dont les caractères, bien que faibles, présentent une grande constance.

Chez *I. pyrenæa* la soudure des arceaux dorsaux des segments est plus complète que chez *I. Helwigii;* la disposition des épines des chelicères est aussi différente, celles de l'article basilaire étant plus longues et plus espacées; celles qui forment la série externe sont au nombre de cinq, dont la troisième et la cinquième plus courtes que les trois autres, tandis que chez *I. Helwigi* on en compte six égales.

Enfin, les différences sexuelles, chez *I. pyrenæa*, sont de même nature que chez *I. dispar*, c'est-à-dire que chez le mâle les chelicères sont tout à fait inermes, ce qui n'a pas lieu chez *I. Helwigi.*

2° Famille des OPILIONIDÆ.

Cette nombreuse famille, qui renferme tous les faucheurs ordinaires et qui est essentiellement caractérisée par les pattes-mâchoires non épineuses mais pourvues d'une griffe terminale, n'a qu'un seul représentant dans la faune des grottes.

1. LIOBUNUM TROGLODYTES, Wankel, *Sitz. Akad. Wiss. Wien.*, 1861, p. 257, tab. II, fig. 1-7.

De la grotte de Slouper en Moravie.

pourvu d'yeux bien développés et différant à peine de ses congénères qui vivent à la lumière du soleil; d'après la description, les téguments sont tout à fait incolores.

3° Famille GONYLEPTIDÆ.

Cette famille, très-riche en genres et en espèces dans les régions tropicales, particulièrement dans le Nouveau-Monde, ne compte, en Europe, que le genre *Scotolemon*, dont les espèces, sauf quelques exceptions, appartiennent à la faune des grottes. Le *Phalangodes armata*, Tellkampf, de la grotte du Mammouth, est aussi un *Gonyleptidæ*, mais tandis que chez le genre américain les yeux ont complétement disparu (1), dans le genre européen ces organes sont toujours bien développés et d'autant plus visibles qu'ils tranchent, par leur couleur noire, sur le reste des téguments qui sont d'un jaune clair.

1° Genre SCOTOLEMON, Lucas, *Ann. Soc. ent. Fr.*, 1860.

Ce genre se rattache à la famille des *Gonyleptidæ* par la structure de ses pattes-mâchoires, armées de puissantes épines et servant d'organes de préhension et de défense, et par la disposition des arceaux dorsaux de son corps, qui sont, sauf les derniers, soudés en forme de plaque ou de bouclier. Il se distingue de tous les genres exotiques par les hanches de la quatrième paire de pattes, qui sont petites et très-écartées l'une de l'autre, tandis que, chez tous les autres *Gonyleptidæ*, les hanches postérieures acquièrent un développement considérable et deviennent conniventes sur la ligne médiane.

(1) L'*Acanthochirus armatus*, Tellkampf (sub : *Phalangodes*), de la grotte du Mammouth, dont j'ai pu examiner quelques exemplaires, grâce à l'obligeance de M. Packard, se rapproche beaucoup des *Scotolemon* par l'aspect général, la disposition des segments, les pattes et les pattes-mâchoires; il en diffère par les chelicères qui sont beaucoup plus longues, dont l'article basilaire est long et cylindrique, et dont l'article terminal est en forme de main ovale-allongée, comme chez les *Ischyropsalis*. Il est difficile de reconnaître si les yeux sont absents ou très-réduits, la plus forte loupe ne m'en a montré aucune trace; le milieu du bord frontal présente, à l'endroit ordinairement occupé par les yeux, un petit mamelon vertical conique. Le corps est élargi et tronqué carrément en arrière, comme chez le *S. Lucasi*; les angles de la troncature sont, de plus, prolongés par des rebords membraneux.

Les *Scotolemon* sont de petits Arachnides dont les téguments, toujours d'un jaune clair, sont très-résistants; leur corps est plus ou moins piriforme, assez étroit et arrondi en avant, graduellement élargi et tronqué obtusément en arrière; les yeux sont élevés sur un mamelon frontal non denticulé; les pattes sont relativement assez courtes et assez fines. Le nombre des articles des tarses varie de 3 à 7, selon les espèces; le nombre de ces articles et la disposition des épines des pattes-mâchoires servent à distinguer les espèces, qui, à part deux exceptions (*Leprieuri* et *terricola*), sont propres aux grottes pyrénéennes.

Les *Scotolemon* sont très-lents dans leurs allures. Ils paraissent vivre en sociétés nombreuses, aussi sont-ils presque tous communs dans les grottes qu'ils habitent; pour les trouver il faut soulever les grosses pierres un peu enfoncées, car ils sont à la fois cavernicoles et terricoles. Quelques-uns ont été rencontrés en dehors des grottes, sous des pierres très-profondément enfoncées; une espèce est même originaire de contrées tout à fait dépourvues de cavités souterraines (1).

1. S. Leprieuri, Lucas, *Ann. Soc. ent. Fr.*, 1860, p. 973.

Le plus anciennement connu des *Scotolemon*; c'est lui qui a servi à M. H. Lucas pour caractériser le genre.

C'est jusqu'ici la seule espèce cavernicole du genre étrangère à la région pyrénéenne. Elle a été découverte par M. C. E. Leprieur dans une grotte connue sous le nom de *Buco del' Orso*, qui s'ouvre dans la montagne au pied de laquelle est bâti le petit village de Laglio, sur la rive droite du lac de Côme.

2. S. Lespesi, Lucas, *Ann. Soc. ent. Fr.*, 1860, p. 975.

Cette espèce a été découverte par M. Lespès dans les grottes de l'Ariége, particulièrement dans celles de Badeihlac et de Sabart, et a été décrite par M. H. Lucas dans les Annales de la Société entomologique.

Elle a été prise depuis en très-grand nombre par MM. Abeille, de Bonvouloir, de la Brûlerie, Marquet et Gavoy, dans les grottes de Lombrive (près Ussat), du Quère (près Massat), de Neuf-Fonts (à Aulus), de

(1) S. *terricola*, E. Simon, *Ann. Soc. ent. Fr.*, 1873, p. 237.
N'appartient pas à la faune des grottes; cet Arachnide hypogé est commun à Porto-Vecchio (Corse), sous les très-grosses pierres, après les grandes pluies du printemps; il a été trouvé, dans les mêmes conditions, aux environs d'Alger, par M. le Dr C. Leprieur.

Peyort (à Prat), ainsi que dans celles d'Estellas, d'Aubert et Moulis et de Bélesta.

Cette espèce, la plus commune et le plus répandue du genre *Scotolemon*, ne se trouve pas exclusivement dans les grottes; elle a été prise aussi dans les mousses et sous les pierres, mais non loin de cavités souterraines où elle était très-commune.

3. S. Querilhaci, Lucas, *Ann. Soc. ent. Fr.*, 1866, p. 213.

Espèce découverte par MM. Quérilhac et Lespès dans les grottes du département du Tarn; j'en possède un exemplaire de la grotte de Bétharram, dans les Hautes-Pyrénées.

4. S. Lucasi, E. Simon, *Ann. Soc. ent. Fr.*, 1873, p. 234.

Nous avons donné la description de cette espèce bien distincte, particulièrement par la forme du corps très-élargi et tronqué presque carrément en arrière, sur quelques exemplaires trouvés par M. Abeille de Perrin dans les grottes de l'Ariége; un seul individu a été repris par M. de la Brûlerie dans la grotte de Rieufourcand, près Bélesta, en compagnie de nombreux *S. Lespesi*.

5. S. Piochardi, E. Simon, *Ann. Soc. ent. Fr.*, 1873, p. 236.

Un seul exemplaire trouvé par M. Ch. de la Brûlerie dans la grotte *Cueva de Albia*, près Orduno (Biscaye), décrit et figuré par nous en même temps que le précédent.

4e famille Trogulidæ.

Cette famille ne renferme qu'un seul genre cavernicole.

Genre Cyphophthalmus, Joseph, *Berl. entomol. Zeitsch.*, 1868.

Le genre *Cyphophthalmus* appartient certainement à la famille des *Trogulidæ*, dont il a le faciès et les principaux caractères; il s'éloigne néanmoins du genre *Trogulus*, type de cette division, par deux particularités assez importantes pour que le Dr Joseph, son fondateur, ait proposé de former une famille spéciale sous le nom de *Cyphophthalmidæ*.

Les yeux, au lieu d'être rapprochés sur un mamelon frontal, sont très-écartés, rejetés sur les côtés du céphalothorax et élevés chacun sur un court pédicule divergent; les appendices céphaliques, chelicères et pattes-mâchoires, sont très-longs et dépassent de beaucoup en avant le bord frontal, tandis que chez les *Trogulus* ces parties sont courtes et plus ou moins cachées par une sorte de chaperon.

Les *Cyphophthalmus*, beaucoup plus petits que les *Trogulus*, ont la forme déprimée-ovale qui caractérise la famille; leurs téguments très-durs sont d'un brun-rouge clair; leurs pattes sont relativement courtes. Ils se tiennent sous les pierres, et paraissent se mouvoir avec peine. L'espèce type est franchement cavernicole; une autre, que nous avons découverte en Corse, est simplement terricole, comme le *Scotolemon terricola*, qu'elle accompagne d'ordinaire (1).

1. C. DURICORIUS, Joseph, *loc. cit.*

Décrit et figuré avec de nombreux détails par le Dr Joseph de Breslau.

Le *Cyphophthalmus duricorius* se trouve non-seulement dans les parties les plus profondes et les plus obscures des grottes de la Carniole, mais aussi à l'entrée de ces grottes, sous les détritus et les feuilles décomposées, en compagnie du *Leptinus testaceus*, de l'*Adelops montana* et de nombreuses podurelles. Les grottes dans lesquelles il a été observé jusqu'ici, d'après le Dr Joseph, sont : la grotte centrale (la grande) de Lueg, la grotte Celeryova jama, Sovença jama près de Saint-Kanzian à Aich, la grotte au-dessus de Struge, dans la Carniole aride, enfin la grotte d'Obergurk, dans la basse Carniole.

Nota. — La plus belle découverte qui ait été faite, dans ces derniers temps, parmi les Arachnides terricoles est celle du genre *Nyctalops*, trouvé à Ceylan par M. Ferdinandus et décrit par le Rév. O. P. Cambridge.

Ce genre appartient à l'ordre des Pédipalpes et paraît voisin du genre *Thelyphonus*, dont il a les formes générales; il en diffère néanmoins par l'absence complète d'yeux et par le céphalothorax divisé en deux segments; l'appendice caudal est court, il est filiforme dans l'une des espèces (*N. tenuicaudata*); dans la seconde (*N. crassicaudata*), il est terminé par une dilatation triangulaire. (Voy. O. P. Cambridge, *Ann. and Mag. of Nat. Hist.*, décembre 1872).

Classe des MYRIAPODES.

Les Myriapodes cavernicoles, décrits jusqu'ici, appartiennent tous à

(1) *Cyphophthalmus corsicus*, E. Simon, *Ann. Soc. ent. Fr.*, 1873, p. 240, pl. XII, fig. 20. — De Porto-Vecchio.

l'ordre des Diplopodes et rentrent dans les deux familles des *Glomeridæ* et des *Polydesmidæ*.

1re Famille GLOMERIDÆ.

Genre TRACHYSPHÆRA, Heller, *Sitzb. Math. Natur. Classe d. Akad. Wiss. Wien.*, XXVI, p. 315 (1858).

Voisin du genre *Glomeris*, dont il diffère surtout par le nombre des segments du corps qui est de 11 seulement, par la forme des yeux et par la nature des téguments de la face dorsale.

1. T. SCHMIDTI, Heller, *loc. cit.*, p. 317, fig. 1-6.

Découvert par Schmidt dans les grottes de Pasica et de Siavka, en Carniole; il se tient dans les parties les plus humides.

2. T. HYRTLII, Wankel, *Sitzb. Akad. Wiss. Wien.*, 1861, p. 253, pl. I, fig. 1 à 3.

Trouvé dans la grotte de Slouper, en Moravie, où il paraît rare.

2e Famille POLYDESMIDÆ.

1e Genre BRACHYDESMUS, Heller, *Sitzb. Akad. Wiss. Wien.*, 1858, p. 318.

Voisin du genre *Polydesmus*, mais facile à distinguer par le nombre des segments qui est de 19 seulement.

1. B. SUBTERRANEUS, Heller, *loc. cit.*, p. 319, fig. 7 à 10.

Cette espèce, d'abord découverte par Schmidt, qui la signale, sans la décrire, sous le nom de *Polydesmus subterraneus*, a été retrouvée dans plusieurs grottes de Carniole et de Moravie.

2e Genre POLYDESMUS Latr.

1. P. CAVERNARUM, Peters, *Monatsch. d. k. preuss. Akad. der Wiss. zu Berlin*, 1865, p. 538.

De la grotte d'Adelsberg; voisin du *P. tenuis*, Peters (*loc. cit.*) qui n'est pas cavernicole.

La famille des *Julidæ* est aussi représentée dans la faune des grottes.

M. le professeur P. Gervais a trouvé dans la grotte des Demoiselles, près Saint-Bauzile-de-Putois (Hérault), une espèce du genre *Blaniulus*, qui est voisine du *B. guttulatus*, mais qui paraît cependant en différer par une taille un peu plus forte et par quelques points de détail (1).

Quant aux Myriapodes *chilognathes*, des espèces appartenant aux groupes des *Dolisteus*, *Geophilus* et *Cryptops* se rencontrent en abondance sous les pierres et sur le sol humide des cavités souterraines, mais ces espèces n'ont été jusqu'à présent l'objet d'aucun travail spécial.

M. le D. Fanzago, que j'ai consulté à ce sujet, m'écrit que ces Myriapodes appartiennent à des genres dont les espèces sont terricoles et toutes privées d'yeux ; aussi serait-il difficile, sinon impossible, d'établir une ligne de démarcation entre les espèces cavernicoles et les représentants ordinaires des genres (2).

(1) *Ann. Soc. entom. de France*, 2e série, t. VI, p. XLV ; 1866.

(2) Les Myriapodes paraissent plus nombreux dans les grottes des Etats-Unis.

Dans un Mémoire consacré à la description d'ossements fossiles trouvés dans les cavernes de l'Amérique du Nord, M. Cope donne, sous forme d'appendice, une liste de Myriapodes rencontrés dans ces mêmes cavernes ; plusieurs sont indiqués comme nouveaux :

Spirobolus agilis, *Cambala annulata*, *Julus montanus*, *Polydesmus virginicus*, *Polydesmus corrugatus*, Wood, *Androgathus corticarius*, *Opistomegas postica*, Wood, *Spirostrephon lactarius*, Brandt, *Pseudotremia cavernarum*, Cope et *Pseudotremia Vudii*.

Sauf pour les deux dernières, l'auteur ne donne pas ces espèces comme exclusivement cavernicoles (voy. *Proceed. Amer. philosoph. Soc. Philadelph.*, t. XI, p. 171. — Voy. aussi *Journal de Zoologie*, t. I, p. 169).

M. Packard signale, dans la grotte du Mammouth, une espèce nouvelle, la *Pseudotremia Copei*, différant des espèces décrites par M. Cope par sa cécité complète et par ses téguments garnis de longs crins. (Voy. *Amer. Nat.*, Salem, 1872, *Journal de Zoologie*, t. III, p. 567.)

DEUXIÈME PARTIE.

INSECTES

PAR

M. Louis BEDEL.

Ordre des COLÉOPTÈRES.

L'ordre des Coléoptères est celui qui renferme de beaucoup le plus d'espèces cavernicoles. Les familles des Carabides et des Silphides présentent un assez grand nombre de types qui sont les hôtes exclusifs des grottes. Les Psélaphides et Staphylinides y ont également des représentants, mais leurs mœurs sont moins connues, et il y a lieu de faire quelques réserves à leur égard.

I. Famille des CARABIDES.

Clivinini.

1° Genre Reicheia, Saulcy, *Ann. Soc. ent. Fr.*, 1862, p. 285.
Spelæodytes, Miller, 1863.

Genre d'insectes presque aveugles, voisin des *Dyschirius*, Bon. (1) et des *Clivina*, Latr., insectes oculés, qui présentent, à l'air libre, des

(1) Le ***Dyschirius microphthalmus***, Heyd. (*Reise n. südl. Spanien*, 1870, p. 58), trouvé dans la sierra de Gerez (Portugal), sous des mousses épaisses, appartient probablement aux ***Reicheia***. Quant à l'espèce décrite par M. de Chaudoir sous le nom de ***rotundipennis***, c'est plutôt un véritable ***Dyschirius***. Peut-être, d'ailleurs, serait-il prématuré de se prononcer actuellement, d'une manière définitive, sur la valeur du genre ***Reicheia***.

mœurs tout à fait analogues. Tous sont fouisseurs; aussi leurs tibias antérieurs, par une exception rare chez les Carabides, sont-ils palmés et, en général, dentelés extérieurement.

Les *Reicheia* sont propres au bassin de la Méditerranée. M. Putzeys (*l'Abeille,* VI, p. 145) en énumère 5 espèces, dont deux semblent douteuses; une sixième a été décrite postérieurement. Sur ce nombre, on ne compte qu'une seule espèce des grottes (1).

1. *R. mirabilis*, Miller (*Spelæodytes*) *Wien. ent. Monatschr.*, VII, 1863, p. 28, pl. I, fig. 15. — Marseul, *l'Abeille*, VI, p. 147.

Herzégovine : découvert dans une grotte par J. Erber.— Cette espèce, qui ne paraît pas avoir été retrouvée, se distingue de ses congénères par ses élytres lisses dans leur moitié postérieure. La partie humérale et apicale des mêmes organes est dentée en scie.

Feronini.

2° Genre Pterostichus, Bon., *Obs. ent.*, I, 1809.—*Feronia*, Auct.

Les *Pterostichus* sont des insectes d'assez grande taille, répandus dans les parties tempérées et surtout montagneuses de l'Europe; ils vivent sous les pierres, dans les endroits frais. Une seule espèce, indiquée plus bas, paraît avoir subi l'influence de la vie souterraine. Elle appartient d'ailleurs, par ses caractères sexuels (la présence, chez le mâle, d'une saillie en fer à cheval sur le dernier segment ventral) au groupe du *P. Dufouri*, Dej., espèce normale, qui vit à l'air libre, également dans les Pyrénées.

(1) Toutes les autres se trouvent sous les grosses pierres profondément enfoncées dans le sol. Ce sont :

1. *R. Uslaubbi*, Saulcy, *Bull. Soc. ent. Ital.*, 1870, II, p. 165. — Environs de Florence.

2. *R. lucifuga*, Saulcy, *Ann. Soc. ent. Fr.*, 1862, p. 285, pl. VIII, fig. 5. — Pyrénées-Orientales, Corse.

3. *R. subterranea*, Putz., *Ann. Soc. ent. Belg.*, X, p. 40. — Algérie : Bone.

4. *R. præcox*, Schaum, *Naturg. Ins. Deutsch.*, I, p. 218. — Sicile.

5. *R. Raymondi*, Putz., *l'Abeille*, VI, p. 146. — Sardaigne : Sassari.

1. *P. microphthalmus*, Delarouzée, *Ann. Soc. ent. Fr.*, 1857, *Bull.*, p. 94.

Basses-Pyrénées : grotte de Bétharram, sous les pierres.— Découverte par Delarouzée et retrouvée depuis par quelques entomologistes, cette espèce, malgré ses dimensions, qui lui permettent difficilement d'échapper aux recherches, est toujours restée l'une des raretés de nos collections.

Par une exception unique chez les Féronides, les yeux du *P. microphthalmus*, quoique régulièrement réticulés, ne sont ni convexes, ni circonscrits par un sillon spécial : ils sont allongés et excessivement petits. L'insecte est noir, mais une imperceptible teinte roussâtre dénote en lui l'influence prolongée d'un milieu obscur.

On a supposé que cette espèce ne se prenait qu'accidentellement dans la grotte de Bétharram et qu'elle devait vivre sous les gros blocs de rochers qui l'avoisinent; peut-être, en effet, trouverait-on là l'explication de son excessive rareté.

Sphodrini.

3° Genre Pristonychus, Dej., *Spec.*, III, 1828, p. 43.

Antisphodrus, Schauf., 1865.

Monographie, Schaufuss, *Sitzb. nat. Ges. Isis*, 1865. — (Tirée à part).

Les *Pristonychus*, comme tous les autres Sphodrides, sont éminemment lucifuges. Ils recherchent particulièrement les cavités naturelles ou creusées de main d'homme, notamment les grottes ou les carrières abandonnées que fréquentent les chauves-souris. L'exagération de cette tendance à la vie souterraine a fait de quelques espèces des insectes tout à fait cavernicoles, caractérisés par l'allongement des membres, la réduction des yeux et la décoloration des téguments qui prennent la teinte brune ou rougeâtre spéciale aux Articulés des cavernes. Entre les types ainsi modifiés, qui constituent pour M. Schaufuss le genre *Antisphodrus* et les vrais *Pristonychus* qui vivent tantôt à l'air libre, tantôt dans les grottes, mais le plus souvent à leur entrée (1), on observe toutes les transitions dans les formes comme dans les mœurs.

(1) Nous pouvons citer comme exemple les *Pristonychus* suivants :

1. *P. elongatus*, Dej., *Spec.*, III, p. 51. — Espèce bleue, facile à reconnaître

Les espèces suivantes, que l'on peut considérer comme spéciales aux grottes, sont cantonnées dans les provinces méridionales de l'Autriche et en Espagne.

1. *P. Æacus*, Miller, *Wien. ent. Monats.* 1861, p. 265. — Schauf.,

au groupe de pores sétigères qui occupe les tempes; elle est répandue en Styrie, en Carniole, en Dalmatie et en Italie. On la trouve, avec les *P. Schreibersi* et *Anophthalmus Schmidti*, dans la grotte du château de Lueg (Carniole), qui n'est pas tout à fait sombre et sert de cellier.

2. *P. terricola*, Herbst., *Archiv.*, p. 140, pl. XXIX, fig. 14; — *inæqualis*, Panz., *In. Germ.*, 30, 18. — La Brûl., *Ann. Soc. ent. Fr.*, 1872, p. 455. — Var. *cyanescens*, Fairm. — Var. *bœticus*, Ramb. — Var. *Polyphemus*, Ramb. — Var. *Reichenbachi*, Schauf. — *Larve* : Chap. et Cand. *Mém. Liége*, 1853, p. 376, pl. I, fig. 3. — Cette espèce, répandue dans une grande partie de l'Europe, est commune dans les caves, les carrières abandonnées, etc.; on la trouve aussi, mais plus rarement, dans les troncs d'arbres morts.

Dans les Pyrénées, la var. *cyanescens* se trouve abondamment à l'entrée de certaines cavernes; elle pénètre aussi quelquefois dans les parties reculées, mais isolément. En Espagne et en Portugal, la var. *bœticus* fréquente également les grottes.

Le *P. terricola* varie beaucoup de forme et de couleur; cependant la teinte bleuâtre ou violette du dessus du corps permet toujours de le distinguer du *P. oblongus* qui coexiste avec lui dans les Pyrénées. Sa coloration est d'ailleurs plus ou moins intense; M. de la Brûlerie (*loc. cit.*, p. 454) a signalé des individus du *P. terricola* dont les téguments avaient quelque tendance à prendre la couleur fauve du *P. Æacus* des grottes de Dalmatie.

3. *P. oblongus*, Dej., *Spec.*, III, p. 50. — La Brûl., *loc. cit.*, 1872, p. 459. — *pyrenæus*, Duf. — *hypogæus*, Fairm. — *latus*, Schauf. — Var. *Jacquelini*, Boïeld. — Var. *latebricola*, Fairm. — Var. *balmæ*, Delarouz. — Var. *ellipticus*, Schf.

Espèce très-variable répandue dans les Pyrénées Cantabriques, l'Ariége, les Hautes-Pyrénées, les Pyrénées-Orientales, les Cévennes et les Corbières. Elle vit volontiers dans les cavernes, soit près de leur entrée, soit dans les parties les plus profondes et les plus ténébreuses, et se réunit souvent en grand nombre dans les grottes infestées de chauves-souris. On la prend aussi, mais rarement, en dehors, sous les grosses pierres ou dans les troncs d'arbres pourris. Elle s'étend depuis les collines les moins élevées jusqu'à la limite des neiges.

La var. *latebricola* habite les Corbières et les Cévennes, notamment la grotte Traouc-del Calel, près Sorèze; la var. *balmæ*, la grotte ou *baume* des Demoiselles, près Montpellier.

Le *P. oblongus* est remplacé, dans les Alpes de Savoie et de Provence, par

Mon. p. 131 (63). — *modestus*, Schf., *Verh. zool. b. Ver. Wien.* 1862, p. 18; — 1863, p. 1219.

Dalmatie : grottes de Narenta.

2. *P. Erberi*, Schauf., *Verh. zool. b. Ver. Wien.*, 1863, p. 1219. — *Mon.*, p. 132 (64).

Dalmatie, dans les grottes.

3. *P. Redtenbacheri*, Schauf., (*Antisph.*) *Mon.*, 1865, p. 134 (66); — *gracilipes*, Schauf., *Verh. zool. b. Ver. Wien.*, 1862, p. 18.

Dalmatie, dans les grottes.

4. *P. exaratus*, Hampe, *Berlin. ent. Zeits.*, 1870, p. 331.

Croatie : dans les grottes, notamment dans celle d'Oszaïl.

5. *P. cavicola*, Schaum (*Sphodrus*), *Naturg. Ins. Deutsch.*, 1860, I, p. 382. — Schauf., *Rev. et Mag. Zool.*, 1861, p. 13. — *Stettin. Zeit.*, 1861, p. 245. — *Mon.*, p. 135 (67).

Carniole : grotte de Steinberg; découvert par Ferd. Schmidt.

6. *P. Schreibersi*, Küst., *Kæf. Eur.* V. 24. — Schaum, *Ins. Deutsch.* I, p. 382. — Joseph, *Berl. ent. Zeits.*, 1869, p. 243. — *Schmidti*, Schauf. *Rev. et Mag. Zool.* 1861, p. 14. — Miller, *Verh. zool. b. Ver. Wien.* 1854, p. 24. — *dissimilis*, Schauf., *loc. cit.*, p. 14. — *Larve* : Schiner, *Verh. zool. b. Ver. Wien.* 1853, p. 153. — Schauf., *Mon.*, p. 127.

Haute Carniole : grottes de Vir, de Podredče, d'Aich et de Morautsch : Dolga jama (1), Ihansica j., Bostonova j., Skaleryeva j., Desvosa j., Celeryova j., Kewderca j., Sovenca j., Cojczova j., Dolga Cirkow, pri Puhlicovim malnu; celles de Bischofs-Laak, la Gipsova j. et Ljubniska j., enfin la grotte de Studenitz et la Castitljiva j., à Leibnitz, près Radmannsdorf.

le *P. angustatus*, Dej., espèce rare qui ne paraît pas cavernicole. Les *P. hepaticus*, Fald., du Caucase et *libanensis*, La Brûl., du Djebel-Sannin, semblent aussi représenter, à l'air libre, les espèces du groupe d'*oblongus*. M. de la Brûlerie a trouvé le *P. libanensis* sous une pierre profondément enfoncée dans le sol, à 2,600 mètres d'altitude.

(1) Le mot *jama* signifie *grotte*.

Carniole centrale : grotte de Kreuzberg, Mrzla j., et grotte de Saint-Lorenz près de l'église de Laas; grotte d'Adelsberg, grotte de la Madeleine, grottes de Lueg, Saint-Kanzian à Mataun, Franzdorf (Mrzla del, pri Zavrh), à Koschana (Zavinka et Kukurjevec), de Parje, Nussdorf, Senosetsch et Sessana.

Le *P. Schreibersi* offre, dans toute l'étendue de son habitat, un si grand nombre de variations qu'il est difficile de le caractériser. Le Dr Joseph, qui l'a recueilli par centaines, énumère une quinzaine de ses principales variétés, qu'il désigne chacune d'un nom spécial. Il faut se reporter à l'article publié par lui, dans le *Berliner entomologische Zeitschrift* de 1869, pour se faire une idée des modifications que peut subir cette espèce.

Elle peut se trouver dans certaines parties des grottes où le jour pénètre encore, notamment dans la grotte du château de Lueg. H. Müller prétend même qu'au plus haut sommet du mont Baldo (environ 8000 pieds d'altitude), il en a pris un exemplaire sous une grosse pierre. (Voy. *Stettin. Zeit.* 1857, p. 72.) On peut douter de l'exactitude de ce renseignement, l'insecte recueilli par lui en Lombardie étant peut-être une autre espèce que celle des grottes de Carniole.

Le *P. Schreibersi* présente quelquefois un léger reflet bleuâtre qui rappelle sans doute sa coloration primitive.

7. *P. paradoxus*, Joseph, *Berlin. ent. Zeits.* 1869, p. 255. — Mars., *l'Abeille*, VIII, p. 53.

Basse Carniole : grotte de la Skednenca nad Rajnturnam à Rasica et grotte près d'Obergurk. — On ne connaît encore qu'un très-petit nombre d'individus de cette espèce, découverte par le Dr Joseph.

8. *P. Fairmairei*, Schauf., *Rev. et Mag. Zool.* 1861, p. 15. — *Stettin. ent. Zeit.* 1861, p. 256. — *Larve* : Schauf., *Mon.*, p. 128 (60).

Pyrénées Cantabriques : Cueva de Naveo, grotte près de Potes (province de Santander), d'après Crotch. L'espèce aurait été découverte dans une grotte de la province de Burgos, au dire de Schaufuss.

Il est très-probable que le *P. Peleus*, Schauf. (*obscuratus*, Schauf.) n'est qu'une simple variété de cette espèce.

9. *P. Ledereri*, Schauf. (*Antisph.*), 1865. *Mon.*, p. 129 (61).

Province de Málaga : cavernes des environs de Ronda. Lederer, qui a découvert cette espèce, n'en avait trouvé qu'un seul exemplaire (1). MM. de la Brûlerie et von Heyden l'ont reprise à l'ouverture d'une grotte qui paraissait profonde, mais dont l'issue extérieure était trop étroite pour leur livrer passage (2).

Trechini (3).

4° Genre Trechus, Clairv., *Ent. helv.* II, 1806, p. 22.

Anophthalmus, Sturm, 1844 (4). — *Duvalius*, Delar., 1859. — *Aphænops*, Bonvoul., 1861.

Les nombreuses découvertes qu'ont amenées, depuis quelques années, les explorations des grottes, celles de l'Ariége principalement, ont nécessité la réunion des *Anophthalmus* et *Aphænops* aveugles aux *Trechus* oculés (5). C'est à peine si l'on doit les maintenir actuellement à titre de sous-genres, tous les passages existant entre ces types extrêmes qui semblaient tout d'abord si nettement caractérisés.

Les mœurs des *Trechus*, dans leur ensemble, présentent la même

(1) Schaufuss dit qu'il a été trouvé : « sur un mur », sans donner d'autre explication.

(2) Le groupe des *Antisphodrus* renferme encore un certain nombre d'espèces qui ne sont pas signalées comme habitant les grottes, mais dont les mœurs doivent se rapprocher beaucoup de celles des cavernicoles : *elegans*, Dej., des provinces méridionales de l'Autriche et de Turquie; *pseudapostolus*, Schf. (patrie inconnue); *macropus*, Chaud., de Lombardie et peut-être aussi *Köppeni*, Motsch., de Crimée et *obtusangulus*, Schf., d'Asie mineure. Quant au *Ghilianii*, Schaum, d'Italie, qui diffère de toutes les espèces précitées par ses tarses postérieurs glabres en dessus et sillonnés latéralement, la coloration du corps et la réduction des yeux le relient également au même groupe.

(3) Quelques espèces du groupe des *Bembidiini*, que de nombreuses affinités génériques rapprochent des *Trechini*, se rencontrent parfois à l'entrée des grottes, le *Bembidium* (*Ocys*) *quinquestriatum*, Gyll., et le *Tachys Föcki*, Humm., notamment. Au Mexique, le *Bembidium unistriatum*, Bilim., de la grotte de Cacahuamilpa, paraît également remplacer nos *Trechus*.

(4) On compte actuellement six espèces de ce groupe dans les grottes des Etats-Unis.

(5) Voyez Putzeys, *Trechorum oculatorum Monographia* (*Stettin. ent. Zeit.*, 1870, p. 9) et Abeille de Perrin, *Etudes sur les Coléoptères cavernicoles*, 1872, p. 9-12.

variété et les mêmes transitions que leurs caractères spécifiques ; les uns vivent à l'air libre, dans les plaines, sous les feuilles mortes, dans les mousses ou sous les pierres; la plupart recherchent les montagnes et vivent sous les grosses pierres, celles surtout qui adhèrent au sol ; d'autres sont cavernicoles et se trouvent soit sous les pierres, soit sur les parois des grottes; quelques-uns même s'y enterrent profondément dans l'argile détrempée. Ces espèces souterraines sont remarquables par les modifications que subit leur organisme : réduction et presque toujours atrophie des yeux, développement de longues soies spéciales, servant probablement d'organes de tact, décoloration des téguments et allongement de tous les membres. Le groupe pyrénéen des *Aphænops* présente au plus haut degré la réunion de ces divers caractères et semble le mieux adapté au séjour exclusif des grottes.

En raison de leurs divers degrés de modifications, nous diviserons les espèces cavernicoles de l'ancien genre *Trechus* en trois sous-genres : *Trechus* vrais, *Anophthalmus* et *Aphænops*.

1. Sous-genre *Trechus*, i. sp. (1).

1. *T. saxicola*, Putz., *Stettin. ent. Zeit.*, 1870, p. 27.

Asturies : grotte du Puerto de Pajares; découvert par M. de la Brû-

(1) Cette division, dont les limites sont à peine indiquées, doit renfermer les espèces dont l'œil est distinct et coloré en noir. Elle comprend certainement les deux suivantes, que l'on trouve souvent dans les grottes :

1. *T. fulvus*, Dej., *Spec.*, V, p. 10.— *Perezi*, Crotch, *Petites Nouv. Ent.*, n° 4. —Putz., *Stettin. ent. Zeit.*, 1872, p. 167. — Espèce d'Espagne et de Portugal, trouvée dans les grottes à Alsasua.

2. *T. microphthalmus*, Miller, *Wien. ent. Monatschr.*, 1859, p. 300. — *spelæus*, Reitt., *Berlin. ent. Zeits.*, 1869, p. 361.—Mill. *Berlin. Zeits.* 1870, p. 271. — Mont Tatra et Carpathes de la Galicie orientale, sous de grandes pierres plates, et grottes de Demanova, à Saint-Micklos (comitat de Liptau), sous des pierres.

On peut citer encore, comme espèces de mœurs analogues, les *T. subterraneus*, Miller, *Longhii*, Comolli, *baldensis*, Putz., *strigipennis*, Kiesw., *ochreatus*, Dej., dont les yeux sont plus ou moins réduits et qui vivent sous les grosses pierres, profondément enfoncées en terre, dans la chaîne des Alpes.

Le *T. discus*, F. a été trouvé également dans la grotte d'Ollon (canton de Vaud), par M. de Saulcy, le *T. minutus*, F. dans des grottes, en Dordogne

lerie et souvent désigné sous le nom inédit d'*Anophthalmus asturiensis*.

2. *T. Uhagoni*, Crotch, *Petites Nouv. Ent.*, nº 4, 15 août 1869. — Putz., *loc. cit.*, p. 194.

Province de Pampelune : grottes d'Alsasua.

3. *T. navaricus*, Vuillefroy (*Anophthalmus*), *Ann. Soc. ent. Fr.*, 1869. p. 49. — Mars., *l'Abeille*, VIII, p. 67.

Basses-Pyrénées : grotte de Sare, sous les pierres, à environ 150 mètres de profondeur; découvert par M. F. de Vuillefroy.

2. Sous-genre *Anophthalmus*, Sturm (1).

4. *A. Beusti*, Schauf., *Sitzb. Ges. Isis*, année 1862, p. 149 (1863). — Mars., *l'Abeille*, VIII, p. 71.

Nord de l'Espagne : grotte de San Adrian (Provinces basques). — D'après Schaufuss, auteur de sa découverte, l'endroit de l'œil serait encore indiqué chez cette espèce par une petite tache noire. Sa place serait peut-être mieux dans le groupe précédent (2).

5. *A. Milleri*, Friwald., *Wien. ent. Monastchr.*, 1862, p. 327; *Schrift. d. Ungar. Acad.*, 1865, p. 182, pl. IX, fig. 15.

Hongrie : grotte de Szokolovatz (comté de Krascho). — Cette espèce présente un très-petit rudiment d'œil elliptique où l'on arrive à distinguer des cornéules.

6. *A. Redtenbacheri*, Friwald., *Verh. zool. b. Ver. Wien.*, 1857, p. 44; *Schrift. d. Ungar. Acad.*, 1865, p. 182, pl. IX, fig. 14.

Hongrie : découvert d'abord par MM. de Friwaldsky dans les parties les plus reculées de la grotte d'Igritz, sous les pierres, et plus tard dans d'autres cavernes plus considérables du comitat de Bihar; rare.

et en Sicile, et un grand *Trechus*, peut-être nouveau, dans celles d'Ain-Feza (Algérie). Ceci confirme la tendance naturelle qu'ont tous les *Trechus* à pénétrer dans les grottes, alors même qu'ils vivent ordinairement à l'air libre.

(1) M. Abeille de Perrin a donné, dans ses Études sur les Coléoptères cavernicoles (p. 24), le tableau synoptique des *Anophthalmus* français.

(2) L'*Anophthalmus pilosellus*, Miller (*Verh. zool. b. Ver. Wien.*, 1868, p. 11), des Carpathes de la Galicie orientale, n'est pas cavernicole.

7. *A. Bielzi*, Seidlitz, *Verh. siebenb. Ver.*, III, 1867, p. 45.

Transylvanie (1).

8. *A. Erichsoni*, Schauf., *Verh. zool. b. Ver. Wien.*, 1864, p. 674. — Mars., *l'Abeille*, VI, p. 85.

Monténégro ; découvert par Erber.

9. *A. Krüperi*, Schaum, *Berlin. ent. Zeits.*, 1862, p. 111.

Grèce : grotte du Parnasse ; découvert par le Dr Krüper. — Remarquable par l'absence de cette impression longitudinale à l'extrémité des élytres que l'on observe chez les espèces striées.

10. *A. Doriæ*, Fairm., *Ann. Soc. ent. Fr.*, 1859, p. 25, pl. I, fig. 4. — *liguricus*, Dieck, *Diagn. n. blind. Kæf.*, p. 3 ; *Berlin. ent. Zeits.*, 1869, p. 341. — Mars., *l'Abeille*, VIII, p. 68.

Province de Gênes : grotte des Ours, près de Borghetto et de Cassana (2) ; découvert par le marquis Doria et le Dr Capellini. M. Dieck a trouvé l'unique individu de l'*A. liguricus* « dans une petite grotte des environs de la Spezia. »

11. *A. Brucki*, Piccioli, *Bull. Soc. ent. Ital.*, II, 1870, p. 306. — Mars., *l'Abeille*, VIII, p. 68.

Apennins de Lucques : grotte nommée *Tana a Termini* ; découvert par MM. Piccioli et vom Bruck.

12. *A. Carantii*, Sella, *Bull. Soc. ent. Ital.*, VI, 1874, p. 82 *bis*, pl. II, fig. 1.

Piémont, vallée du Pesio : souterrain près de la Certosa di Pesio (3).

(1) Je n'ai pu me procurer la description de cette espèce ; je suppose qu'elle appartient à ce groupe en raison de sa provenance, mais j'ignore dans quelles conditions elle a été découverte.

(2) Grotte de Lupara, d'après M. Abeille de Perrin, qui tient ce renseignement de M. Doria.

(3) Ici devrait se placer l'*A. Ghilianii*, Fairm. (*Ann. Soc. ent. Fr.*, 1859, p. 26, pl. I, fig. 6), décrit avec cette seule mention : « Mont Viso. » J'ai entendu dire que cet insecte, découvert par M. Ghiliani, de Turin, avait été rencontré par lui à l'air libre ; M. Sella indique sa découverte comme faite au sommet du Viso.

13. *A. delphinensis*, Abeille de Perr., *Ann. Soc. ent. Fr.*, 1869, p. 406. — Mars., *l'Abeille*, VIII, p. 72.

Drôme : grotte dans le village de Saint-Nazaire, par Saint-Hilaire du Rosier, près Valence ; découvert par M. Elzéar Abeille de Perrin.

14. *A. Auberti*, Grenier, *Ann. Soc. ent. Fr.*, 1864, p. 135. — Mars., *l'Abeille*, VIII, p. 71. — (var. *Magdalenæ*), Abeille de Perr., *Ann. Soc. ent. Fr.*, 1869, p. 408.

Var. : grotte innomée, dans la montagne, à 4 heures de Toulon (c'est là qu'il est le moins rare et qu'il a été découvert par M. F. Aubert ; il y coexiste avec l'*Adelops galloprovincialis*) ; cave de l'ancien monastère de Montrieux et grotte innomée entre Montrieux et Toulon. La var. *Magdalenæ* se trouve dans la grotte de Ste-Madeleine et dans la grotte aux OEufs, à la Ste-Baume ; elle est très-rare.

15. *A. Raymondi*, Delarouzée, *Ann. Soc. ent. Fr.*, 1859, p. 66, pl. I, fig. 3.

Var. : grotte nommée *Trou des Fées* (ou *Fades*), aux environs d'Hyères (1). Cette espèce se trouve dans la terre et bien plus rarement sous les pierres ; elle est infiniment plus agile que la précédente et difficile à saisir.

16. *A. Lespesi*, Fairm., *Cat. Col. Gren.*, 1863, p. 4. — Mars., *l'Abeille*, VIII, p. 73.

Aveyron (2) : grotte de Pennes, près Bruniquel (ligne de Montauban à Périgueux) ; c'est dans cette grotte qu'il a été découvert par Lespès. M. de Saulcy l'a repris dans la grotte du Capucin, qui doit être à peu de distance de la première.

17. *A. orcinus*, Linder, *Ann. Soc. ent. Fr.*, 1859, p. 79, pl. I, fig. 7.

Haute-Garonne : grotte de Gargas, près de Montréjeau ; découvert par Linder.

(1) L'*A. Auberti* ayant été confondu à l'origine avec l'*A. Raymondi*, il en était résulté, dans l'indication de leur habitat respectif, quelques erreurs que nous avons pu corriger ici, grâce aux précieux renseignements que nous a transmis M. Abeille de Perrin.

(2) La seule indication donnée par M. Fairmaire : « Grotte de la Dordogne » est erronée.

18. *A. Trophonius*, Abeille de Perr., *Etud. Col. cavern.*, 1872, p. 13.

Ariége : deux individus trouvés par l'abbé Delherm de Larcenne, l'un dans la petite grotte de Peyrounard, près du Mas-d'Azil, l'autre dans la grotte d'Aubert. Ce dernier a été signalé d'abord sous le nom d'*A. orcinus*, puis communiqué à M. Abeille de Perrin, qui en a rectifié la détermination.

19. *A. Orpheus*, Dieck, *Diagn. n. blind. Kæf.*, p. 3; *Berlin. ent. Zeits.*, 1869, p. 341.—Mars., *l'Abeille*, VIII, p. 70.—(Var. *consorranus*), Dieck, *Berlin. ent. Zeits.*, 1871, p. 184.— Abeille de Perr., *Etud. Col. cavern.*, p. 16.— La Brûler., *Ann. Soc. ent. Fr.*, 1872, p. 460.

Bassin de l'Ariége.—Le type de l'espèce a été découvert par M. Dieck dans la grotte d'Aubert, près de St-Girons; on le prend exclusivement enterré dans un sol humide au sommet du talus par lequel on descend dans la grotte, endroit où le jour pénètre largement et où il est commun.

Dans la grotte de Peyort, près de Prat, également dans l'Ariége, M. de la Brûlerie a pris, enterrée dans la boue, autour d'une petite flaque d'eau, près du fond de la grotte et dans un endroit tout à fait ténébreux, une variété formant le passage entre l'*A. Orpheus* typique de la grotte d'Aubert et la variété *consorranus* de la grotte d'Aspet (ou de Ganties), considérée d'abord par M. Abeille comme espèce particulière.

La grotte d'Aspet (Haute-Garonne) est située à une vingtaine de kilomètres de Prat. L'insecte se prend enterré dans le talus, près de l'entrée, comme dans la grotte d'Aubert.

Enfin un individu de l'*A. Orpheus* a été trouvé par M. Abeille, sur la montagne d'Estellas, mais loin de toute grotte et seulement enfoncé dans le sol.

C'est, on le voit, l'une des espèces dont l'habitat est le plus variable et, en même temps, l'une de celles dont les formes subissent le plus de modifications.

20. *A. Discontignyi*, Fairm., *Cat. Col. Gren.*, 1863, p. 3.—Mars., *l'Abeille*, VIII, p. 69.

Hautes-Pyrénées : grottes de Castel Mouly et du Bédat, près Bagnères-de-Bigorre; trouvé récemment en nombre dans une petite cavité près de la route d'Asque, par M. Tarissan; il vit enterré dans la boue argileuse. La forme de ses épaules, armées de forts denticules aigus, est des plus remarquables.

21. *A. dalmatinus*, Miller, *Wien. ent. Monatschr.*, 1861, p. 255. — Mars., *l'Abeille*, IV, p. (19).

Dalmatie : grotte de Narenta, à l'entrée et dans les parties éclairées.

22. *A. suturalis*, Schauf., *Verh. zool. b. Ver. Wien.*, 1864, p. 673. — Mars., *l'Abeille*, VI, p. 84.

Monténégro ; découvert par Erber.

23. *A. gallicus*, Delarouzée, *Ann. Soc. ent. Fr.*, 1857, Bull., p. 94.

Basses-Pyrénées : entrée de la grotte de Bétharram, dans un rayon de vingt à trente pas de l'ouverture. Les pierres sous lesquelles il se tient reçoivent encore un faible reflet du jour extérieur.

24. *A. Rhadamanthus*, Linder, *Ann. Soc. ent. Fr.*, 1860, p. 611. — Bellevoye, *Ann. Soc. ent. Fr.*, 1863, pl. III, fig. 5.

Basses-Pyrénées : grotte de Bétharram.

25. *A. bucephalus*, Dieck, *Diagn. n. blind. Kæf.*, p. 3 ; *Berlin. ent. Zeits.*, 1869, p. 341. — Mars., *l'Abeille*, VIII, p. 74.

Ariége : grotte d'Aubert, près St-Girons. On ne connait encore, malgré les nombreuses recherches faites dans cette grotte, que le seul individu découvert par M. Dieck. Cette espèce est remarquable par la forme des tarses antérieurs chez le mâle.

26. *A. amabilis*, Schauf., *Verh. zool. b. Ver. Wien.*, 1863, p. 1220.

Grottes de Dalmatie.

27. *A. Bilimeki*, Sturm, *Ins.*, 1847, p. 114, pl. CCCXCII, fig. B. — Jacq. Duv., *Gen. Carab.*, pl. VIII, fig. 37. — Schaum., *Naturg. Ins. Deutsch.*, I, p. 659.— Joseph, *Berlin. ent. Zeits.*, 1870, p. 261. — Var. *robustus*, Motsch., *Etud. entom.*, 1862, p. 44.

Basse Carniole : commun dans les grottes de la vallée de Guttenfeld (notamment celles de Podpèc, Cumpole, Podtabar, Struge), dans celles du canton de Gotschew, notamment sur le coteau de Sele, où l'a découvert Bilimek ; dans la God jama, dans les grottes de Treffen, de Tiefenthal, de Malgern, etc. — Motschoulsky indique la var. *robustus* comme trouvée par lui dans la grotte de Treben (Treffen ?)

D'après H. Müller, l'*A. Bilimeki* se prend souvent en grand nombre sous les pierres posant sur le sol, près des bouses, dans les grottes de Sele, qui servent d'abri aux bestiaux (1).

Cette espèce est assez variable; c'est la plus grande du genre : elle atteint 8 mill. de long.

28. *A. croaticus*, Hampe, *Berlin. ent. Zeits.*, 1870, p. 332.

Croatie : grotte d'Oszail, avec *Pristonychus exaratus*, Hampe, *Adelops croatica*, Mill., et *Leptodirus sericeus*, var. *intermedius*, Hampe. Découvert par Mme von Stiegler.

29. *A. Hacqueti*, Sturm, *Ins.*, 1853, p. 91, pl. CCCCVIII, fig. A. — Schaum, *Naturg. Ins. D.*, I, p. 659. — Joseph, *Berlin. ent. Zeits.*, 1870, p. 262. — Var. *oblongus*, Motsch., *Etud. ent.*, 1862, p. 45.

Haute Carniole : grotte de Velka Pasiça à Oberigg, sur le Krimmberg; se trouverait aussi, d'après le Dr Joseph, dans la grotte de Mokriz et d'autres encore. — Espèce variable.

30. *A. Kiesenwetteri*, Schaum, *Berlin. ent. Zeits.*, 1862, p. 119.

Croatie : grotte de Pérussic; découvert par M. Hoffmann.

31. *A. Schmidti*, Sturm, *Ins.*, 1844, p. 135, pl. CCCIII. — Schaum, *Naturg. Ins. D.*, I, p. 661. — Joseph, *Berlin. ent. Zeits.*, 1870, p. 263. — Var. *Motschulskyi*, Schmidt, *Verh. zool. b. Ver. Wien.*, 1860, p. 671, pl. XII, fig. 5. — Var. *cordicollis*, Motsch., *Etud. ent.*, XI, 1862, p. 43. — Var. *trechioides*, Motsch., *loc. cit.*, p. 44.

Propre à la Carniole centrale; trouvé par le Dr Joseph dans deux des grottes de Lueg et dans la grotte d'Adelsberg; existe également dans la grotte de la Madeleine et dans celle de Nussdorf. La var. *cordicollis* a été prise par Motschoulsky dans la Vranitzna jama.

Cette espèce, dans la grotte du château de Lueg, se trouve, avec les *Pristonychus elongatus*, Dej. et *Schreibersi* Küst., dans les endroits à moitié éclairés. Elle est très-variable.

C'est le premier *Anophthalmus* connu; il a été découvert en mai 1842 par Ferd. Schmidt, dans l'intérieur de la grotte de Lueg.

(1) Aussi, d'après le même auteur, dans la grotte d'Adelsberg, près des excréments humains.

32. *A. globulipennis*, Schmidt, *Zeitsch. d. Krain. Landesmus.*, 3, 1859; *Verh. zool. b. Ver. Wien.*, X, 1860, p. 669, pl. XII, fig. 3. — Schaum, *Naturg. Ins. D.*, I, p. 660. — Joseph, *Berlin. ent. Zeits.*, 1870, p. 264. — Var. *Schaumi*, Schmidt, *loc. cit.*, 1859; *loc. cit.*, 1860, p. 670. — (Var. *planipennis*), Joseph, *loc. cit.*, p. 264.

Haute Carniole : grotte du mont Ljnbnik et grotte Dolga Cirkva, d'après Schmidt; d'après le Dr Joseph, on le trouve dans les environs de Vir, Aich, Moräutsch, Bischofslack, etc. — Cette espèce se prend avec l'*A. hirtus;* elle est variable, et l'*A. globulipennis* en est une modification extrême.

33. *A. Scopolii*, Sturm, *Ins.*, 1851, p. 111, pl. CCCXCII, fig. A. — Schaum, *Naturg. Ins. D.*, I, p. 662.

Carniole centrale : grotte de Setz (canton d'Adelsberg), près de la route d'Adelsberg à Luëgg, d'après Schmidt.

Le Dr Joseph prétend que cette espèce n'a pas été trouvée par Schmidt lui-même, et déclare, après avoir exploré la contrée, qu'il n'y existe aucun endroit de ce nom. Il y a bien, entre Luëgg et Adelsberg, une grotte sans désignation, mais l'*A. Scopolii* n'y a pas été retrouvé par lui.

L'*A. Scopolii* rappelle assez bien les premiers *Anophthalmus* et devrait peut-être se ranger parmi eux.

34. *A. hirtus*, Sturm, *Ins.*, 1853, p. 92, pl. CCCCVIII, fig. b. B. — Schaum, *Naturg. Ins. D.*, I, p. 662. — Joseph, *Berlin. ent. Zeits.*, 1870, p. 266. — Var. *costulatus*, Motsch., *Etud. ent.*, XI, 1862, p. 42. — Var. *longicornis*, Motsch., *loc. cit.*, p. 40.

Carniole. — Très-répandu dans les grottes de la haute Carniole (Vir, Aich, Moräutsch), avec l'*A. globulipennis* (*Schaumi*), et dans celle de Velka pasiça, sur le Krimmberg, à Oberigg, avec l'*A. Hacqueti*. — D'après Motschoulsky, la var. *longicornis* a été prise par F. Schmidt, dans la grotte de Loubnik (?).

Espèce peu variable, sauf pour le nombre des gros pores sétigères des élytres et la longueur des antennes.

35. *A. rostratus*, Motsch., *Etud. ent.*, XI, 1862, p. 43. — Joseph, *Berlin. ent. Zeits.*, 1870, p. 268.

Carniole. — Le Dr Joseph pense reconnaître l'insecte décrit par

Motschoulsky, dans un *Anophthalmus* trouvé dans la grotte de Koschana (Carniole centrale); peut-être, d'ailleurs, n'est-ce qu'une variété de l'*A. hirtus*.

36. *A. pubescens*, Joseph, *Berlin. ent. Zeits.*, 1870, p. 268. — (Var. *amplus*), Joseph, *loc. cit.*, p. 269.

Carniole centrale : grotte du Kreuzberg (Mrzla jama), à Laas, et grotte de Planina ; découvert par le Dr Joseph.

37. *A. capillatus*, Joseph, *Berlin. ent., Zeits.*, 1870, p. 269.

Basse Carniole : grotte God jama, à Ober-Skrill, sur les confins de la Croatie. On n'en connaît qu'un individu femelle, découvert par le Dr Joseph. C'est une espèce pubescente, facile à distinguer par la forme de son prothorax, dont les angles ne sont pas marqués.

38. *A. Minos*, Linder, *Ann. Soc. ent. Fr.*, 1859, Bull., p. 258. — Bellev. *Ann. Soc. ent. Fr.*, 1863, pl. III, fig. 6.

Ariége : grottes de Lombrive et de Fontanet, près d'Ussat. — D'après les explications du guide Meunier, qui l'a vu prendre, l'*A. Minos* se trouve sur le sol, errant autour des flaques d'eau, à la manière des *Aphœnops*.

39. *A. Ehlersi*, Abeille de Perr., *Etud. Col. cavern.*, 1872, p. 15.

Ariége : grotte d'Estellas, près Prat, errant sur le sol, comme les *Aphœnops*; on en connaît actuellement trois individus. Le premier a été découvert par M. Ehlers, de Carthagène.

40. *A. Chaudoiri*, Ch. Bris., *Matér. Col. Fr.*, 1867, p. 161. — Mars., *l'Abeille*, VIII, p. 76.

Hautes-Pyrénées : grotte de Castelmouly, à Bagnères-de-Bigorre. — Cette espèce pubescente paraît fort rare ; on n'en connaît encore que trois individus.

3. Sous-genre *Aphœnops*, Bonv. (1).

41. *A. Tiresias*, La Brûlerie, *Ann. Soc. ent. Fr.*, 1872, p. 443.

Ariége : grotte de Peyort, près Prat. Découvert par M. de la Brûlerie,

(1) Les caractères assignés aux *Aphœnops*, notamment la simplicité des

marchant, avec l'*A. Cerberus*, sur la boue, autour d'une flaque d'eau.

42. *A. Pluto*, Dieck, *Diagn. n. blind. Kœf.*, p. 2; *Berlin. ent. Zeits.* 1869, p. 339. — Mars., *l'Abeille*, VIII, p. 66.

Ariége : intérieur de la grotte d'Aubert; grotte de Moulis, assez commun, surtout près de l'entrée.

43. *A. Cerberus*, Dieck, *Diagn. n. blind. Kœf.*, p. 2; *Berlin. ent. Zeits.*, 1869, p. 340. — Mars., *l'Abeille*, VIII, p. 75. — (Var. *Charon*), Dieck, *loc. cit.* — (Var. *inæqualis*), Abeille de Perr., *Etud. Col. cavern.*, p. 14.

Bassins de la Garonne, du Salat et de l'Ariége : grottes d'Aubert, de Moulis et de Montgautin, près de Saint-Girons; grottes de Peyort, d'Estellas, de Saleich et de las Artigos (1), près de Prat; grande caverne du Mas-d'Azil, et petite grotte de Peyrounard.

Commun, surtout dans la grotte d'Estellas, errant sur le sol ou marchant sous les pierres non adhérentes.

L'*A. Cerberus* est, de tous les Carabiques anophthalmes des Pyrénées, celui dont l'habitat est le plus étendu, et dont les formes éprouvent le plus de modifications (voyez l'Étude des variations de cette espèce, par M. de la Brûlerie, dans les Annales de la Société entomologique de France, 1872, p. 461).

44. *A. Æacus*, Saulcy, *Ann. Soc. ent. Fr.*, 1864, p. 254. — Mars., *l'Abeille*, VIII, p. 75.

Hautes-Pyrénées, bassin de l'Adour : grottes de Campan, de Gerde, de Castel-Mouly et des Judéous, près Bagnères-de-Bigorre.

45. *A. crypticola*, Linder, *Ann. Soc. ent. Fr.*, 1859, p. 71, pl. I, fig. 8.

Hautes-Pyrénées, bassins de la Garonne, de la Barousse et de la Neste : grotte de Gargas, près Montréjeau, grotte de Thibiran ou Labarthe et grotte d'Isault, près d'Encausse.

tarses antérieurs dans les deux sexes, ont perdu toute valeur aujourd'hui. Quatre des espèces que nous rangeons dans ce groupe ne présentent pas cette marque distinctive, mais leur faciès spécial ne permet pas de les isoler des vrais *Aphænops* à tarses simples chez le mâle (*A. Leschenaulti*, *crypticola* et *Pandellei*).

(1) Cette dernière grotte est située près de Cazeaux et de Caravet; c'est une petite cavité, assez sèche au moins en été.

46. *A. Leschenaulti*, Bonv., *Ann. Soc. ent. Fr.*, 1861, p. 568, pl. XVI, fig. 2.

Hautes-Pyrénées : grottes du Bédat et de Castel-Mouly, près Bagnères-de-Bigorre; sur les parois humides, plus rarement sous les pierres, d'avril à janvier.

Cette grande et belle espèce a été découverte par M. Henry de Bonvouloir.

47. *A. Pandellei*, Linder, *Ann. Soc. ent. Fr.*, 1859, p. 72, pl. I, fig. 6.

Basses-Pyrénées : parties absolument obscures de la grotte de Bétharram; découvert par Linder et M. Pandellé (1).

II. Famille des STAPHYLINIDES.

Le nombre des Staphylinides qui se trouvent dans les grottes, sans en être les hôtes exclusifs, est relativement assez considérable (2). Il

(1) On a signalé également, dans des grottes en Espagne, quelques espèces de Carabiques qui ne sont pas cavernicoles : ***Penetretus (Patrobus) rufipennis***, Dej., dans la grotte de Tarrasa; ***Nebria rubicunda***, Quens., et ***Anchomenus albipes***, F., dans celles de Gaucin. On pourrait multiplier les exemples de ce genre, mais de semblables citations n'offrent guère d'intérêt, puisqu'elles s'appliquent à des espèces dont le séjour dans les grottes est purement accidentel.

(2) Les trois espèces suivantes, découvertes récemment dans les grottes espagnoles, ne doivent pas, si l'on en juge par les mœurs de leurs congénères, habiter exclusivement les grottes :

1. ***Conosoma cavicola***, Scriba, ***Heyden's Reise n. südl. Spanien***, **1870**, p. 79. — Grotte de Ronda (route de Gibraltar), sous les pierres, sur l'argile humide.

2. ***Mycetoporus spelæus***, Scriba, ***loc. cit.***, 1870, p. 80. — Asturies : un seul exemplaire trouvé dans une petite grotte, au-dessus du village de Buzdongo, au Puerto de Pajares. — Remarquable par la grande réduction des yeux.

3. ***Lithocharis spelæa***, Scriba, ***loc. cit.***, 1870, p. 82. — Province d'Alicante : grande caverne d'Alcoy.

Il est à noter que, dans les parties chaudes du bassin de la Méditerranée, les espèces du genre ***Lithocharis*** ont une tendance prononcée à se fixer dans les excavations souterraines. En Espagne, M. Ehlers l'a observé dans les grottes des provinces de Murcie, d'Alicante et d'Almeria ; en Palestine, M. de la Brûlerie trouvait également de nombreuses ***Lithocharis*** dans les tombeaux juifs des

n'en est pas de même pour les espèces cavernicoles (1) : leur seul représentant serait peut-être le *Lathrobium cavicola*, Müll., et encore ne l'inscrivons-nous ici qu'à titre provisoire (2).

environs de Jérusalem et dans des excavations antiques qui rappellent complètement aujourd'hui les grottes naturelles.

Le séjour des chauves-souris dans les grottes y attire aussi quelques espèces spéciales qui se nourrissent de leurs déjections ; c'est le cas de l'*Homalota subcavicola*, Bris. (*Cat. Grenier*, 1863, p. 29). La présence de l'*Homalota spelæa*, Er. (*Gen.*, p. 107) et du vulgaire *Quedius fulgidus* dans les grottes d'Adelsberg, de la Madeleine et de Lueg doit avoir une cause analogue. C'est ainsi qu'on a pu citer la capture de *Quedius* dans le guano de chauve-souris, dans la grotte de Sorèze, et que le *Q. fuliginosus* se prend en Carniole, dans quelques grottes, celles de Selee, notamment, qui servent d'abri aux bestiaux et dont le sol est en partie couvert de fumier.

Pour compléter cette énumération, nous pouvons rappeler que M. L. von Heyden, dans son voyage en Espagne, signale aussi dans la grotte de Ronda, les *Lathrobium anale*, Luc., et *Quedius pineti*, Bris., et dans celle du Puerto de Pajares, les *Homalota nitidula*, Kr., *Mycetoporus Heydeni*, Scriba, *nanus*, Grav., *Hadrognathus longipalpis*, Muls., *Homalium nigriceps*, Kiesw., et *fossulatum*, Er. Rien n'indique, chez ces insectes, une tendance spéciale à la vie souterraine, et leur présence dans les grottes doit être considérée comme purement accidentelle.

(1) Les Staphylinides comptent, surtout dans les régions méditerranéennes, un nombre relativement considérable d'espèces terricoles ou lapidicoles, de très-petite taille, et la plupart aveugles, par exemple les *Phlæocharis* (*Scotodytes*) *paradoxa*, Saulcy (*cæca*, Fauv.), des Pyrénées-Orientales, et *laticollis*, Fauv., de Piémont, *Leptotyphlus sublævis*, Fauv., de Corse, *Cylindrogaster cæcus*, Perr., et *Scotonomus Raymondi*, Saulcy, des îles d'Italie, *Micrillus subterraneus*, Raffr., d'Algérie, *Apteranillus Dohrni*, Fairm., *Raffrayi*, Fairm., *convexifrons*, Fairm., tous trois d'Algérie, certaines *Leptusa*, etc.

(2) Le *L. cavicola* a été trouvé dans un ravin, sous une écorce d'arbre, près de Podkluka (Haute Carniole), et sa var. *apenninum* au bord de l'Arno, près de Florence. Ces deux captures prouvent que cette espèce, comme toutes ses congénères, peut être enlevée par une crue des eaux et transportée loin de son lieu d'origine. Des faits analogues s'observent dans toutes les inondations. Mais il semble qu'en Italie on l'ait rencontré, dans des conditions normales, à l'air libre ; d'après M. Bargagli, il se trouverait ainsi, à Querceto, sous les pierres.

Deux *Xantholinus* subanophthalmes d'Italie, les *X. tenuipes*, Baudi (*Typhlodes italicus*, Sharp) et *myops*, Fauv., se trouvent aussi sous les pierres profondément enfoncées et le premier, notamment, dans le voisinage des grottes.

1° Genre LATHROBIUM, Gravenh., *Monogr.*, 1806, p. 128.

Glyptomerus, Müller, 1856. — *Typhlobium*, Kraatz, 1856.

Les genres *Glyptomerus* et *Typhlobium* ont été créés pour l'espèce citée plus bas, dont les yeux sont réduits à un très-petit ocelle oblique. On les a réunis récemment aux vrais *Lathrobium*, insectes qui vivent généralement sous les grosses pierres enfoncées dans le sol, au bord des eaux.

1. *L. cavicola*, Müller (*Glyptom.*), *Stettin. ent. Zeit.*, 1856, p. 308. — Kraatz, *Naturg.*, p. 669. — Fauvel, *Fn. Gallo-rh.*, III, p. 355, pl. IV, fig. 15; — *stagophilum*, Kraatz (*Typhlobium*), *Verh. zool. b. Ver. Wien.*, VI, p. 625. — Var. *apenninum*, Baudi, *Berlin. ent. Zeits.*, 1869, p. 390. — Var. *etruscum*, Piccioli, *Bull. Soc. ent. ital.*, 1870, II, p. 307. — *Larve* : Kraatz, *Berlin. ent. Zeits.*, 1859, p. 310, pl. IV, fig. 4. — Fauv., *loc. cit.*, III, p. 339.

Forme typique (long. 13-14 mill.). — Carniole : grotte du Grosskalenberg, près Laibach, sous les pierres.

Variété *apenninum* (long. 9 mill.). — Italie : grotte de S. Lucia, la Porretta, Bagni di Lucca, Querceto.

III. Famille des PSÉLAPHIDES (1).

La famille des Psélaphides renferme-t-elle des espèces exclusivement cavernicoles? On ne peut guère répondre encore d'une manière positive à cette question. Quoi qu'il en soit, deux genres sont représentés dans les grottes.

1° Genre PSELAPHUS, Herbst., *Kæf.*, IV, 1792, p. 106.

Le genre *Pselaphus* ne compterait dans les grottes qu'un seul représentant; ses autres espèces vivent à l'air libre.

(1) La famille des Psélaphides et celle des Scydménides, qui la suit, comprennent un certain nombre de genres ou d'espèces soit lapidicoles, soit terricoles, dont le mode d'existence offre, avec celui des formes cavernicoles, une intime analogie ; on peut citer comme exemple, dans les Psélaphides, le genre *Amaurops*, Fairm., les *Heteronyx heterocerus*, Saulcy, et *aberrans*, Saulcy, certains *Tychus*, Leach, et, dans les Scydménides, le genre *Leptomastax*, Pirazz., quelques *Scydmænus*, Latr., *Cephennium*, Müll., etc.

1. *P. Heydeni*, Saulcy, *Heyden 's Reise n. südl. Spanien.*, 1870, p. 87.

Asturies : grotte du Puerto de Pajares; découvert par MM. de la Brûlerie et von Heyden.

2° Genre Bythinus, Leach., *Zool. Miscell.*, III, 1817, p. 82.

Machærites (1), Miller, 1855. — *Bythoxenus*, Motsch. — *Linderia*, Saulcy, 1863.

Genre nombreux, répandu dans toute l'Europe et aux Etats-Unis. La plupart des espèces sont oculées et vivent dans les endroits frais, sous les mousses; quelques espèces méridionales sont lapidicoles (2) ou cavernicoles.

La réduction plus ou moins complète de l'organe visuel chez ces dernières, et principalement chez les femelles, a servi de base aux sous-genres *Machærites* et *Linderia*, qui comprennent toutes les espèces trouvées dans les grottes (3).

1° Sous-genre *Machærites* : 1er et 2e articles des palpes maxillaires fortement granulés en dessous, au moins chez les femelles.

1. *B. spelæus* ♀, Miller (*Machærites*), *Verh. zool. b. Ver. Wien.*, 1855, p. 509. — Schauf., *Mon.*, p. 1244. — Bellevoye, *Ann. Soc. ent. Fr.*, 1863, pl. III, fig. 3.

Carniole : grotte de Struge; découvert en 1854 par F. Schmidt. La femelle seule est connue. L'espèce est facile à distinguer par le défaut du sillon en arc que l'on remarque, à la base du prothorax, chez les deux suivantes.

2. *B. subterraneus*, Motsch. (*Bythoxenus*), *Etud. entom.*, 1859, p. 132, pl. I, fig. 20. — Schauf., *Mon.*, p. 1244, pl. XXV, fig. 9-10. — ♂ *Argus* Kraatz, *Berlin. ent. Zeits.*, 1863, p. 124.

Carniole : grotte de Pasica.

(1) Schaufuss a publié la monographie du sous-genre *Machærites* (*Verhandlungen zool. bot. Ver. Wien.*, 1863, p. 1240, pl. XXV).

(2) Notamment les *Bythinus hypogeus*, Saulcy, et *Cocles*, Saulcy, tous deux des Pyrénées et remarquables par leurs yeux très-réduits.

(3) L'une d'elles, *B. rhinoceros*, Saulcy, trouvée dans la grotte de la Preste (Pyrénées-Orientales) et à l'entrée de celle de Tarrasa (nord de l'Espagne), paraît encore inédite.

3. *B. plicatulus* ♀, Schauf., (*Machærites*), *Rev. Zool.*, 1863, p. 293; *Mon.*, p. 1245, pl. xxv, fig. 11.

Carniole : grotte indéterminée (collection de M. Dohrn, de Stettin).

4. *B. Doriæ*, Schauf., *Nunq. otiosus*, 1874, II, p. 290.

Italie : grotte près de la Spezia.

2° Sous-genre *Linderia* : 1er et 2e articles des antennes très-finement tuberculés dans les deux sexes.

5. *B. Mariæ* ♀, J. Duv., *Glan. entom.*, I, 1859, p. 35. — ♂ ♀ Saulcy, *Ann. Soc. ent. Fr.*, 1863, p. 82, pl. iii, fig. 1-2. — Schauf., *Mon.*, p. 1247, pl. xxv, fig. 17-22.

Pyrénées-Orientales : grotte de Villefranche.

6. *B. armatus* ♂, Schauf. (*Machærites*), *Rev. Zool.*, 1863, p. 293; *Mon.*, p. 1247, pl. xxv, fig. 1-4.

Biscaye; découvert en 1861 par Schaufuss dans l'intérieur d'une grotte, sur les stalactites.

7. *B. Claræ* ♀, Schauf. (*Machærites*), *Mon.*, 1863, p. 1248, pl. xxv, fig. 12-16.

Espagne; découvert également par Schaufuss dans une grotte de la province de Burgos, sur les stalactites (1).

(1) Les deux espèces suivantes sont également remarquables par l'oblitération des yeux. La première pourrait se rencontrer dans l'intérieur des grottes.

1. *B. cristatus*, Saulcy (*Machærites*), *Abeille, Col. cavern.*, 1872, p. 16. — Mars., l'*Abeille*, IX, p. 22.

Ariége : un seul ♂ trouvé en 1870 par M. Abeille de Perrin, sous une énorme pierre, devant l'entrée de la grotte d'Estellas. — Facile à distinguer par la carène longitudinale qui s'étend sans interruption de la base au sommet du prothorax.

2. *B. Bonvouloiri*, Saulcy (*Machærites*), *Ann. Soc. ent. Fr.*, 1865, p. 16. — Mars., *loc. cit.*, p. 23.

Hautes-Pyrénées : environs de Bagnères-de-Bigorre, dans les mousses; un ♂ et une ♀, découverts par MM. de Bonvouloir et Ch. Brisout. — Les palpes sont dépourvus de ces tubercules ou dentelures que l'on observe chez toutes les espèces précédentes.

IV. Famille des SILPHIDES.

1° Genre Leptodirus, Schmidt, *Illyrisches Blatt*, 1832, n° 3, p. 9; *Faunus von Gistl*, I, fasc. 2, 1834, p. 83. — Sturm, *Ins.* XX, 1849, p. 93. — Lacord., *Gen.* II, p. 196.

Stagobius, Schiödte, 1849.
Leptonotus, Motsch., 1869.

Tête très-allongée. Pas d'yeux. Ecusson presque aussi large que la base du prothorax, ne pénétrant pas entre les élytres. Prothorax allongé, cylindrique. Elytres très-convexes, glabres ou couvertes de petits poils courts, bien espacés. Hanches postérieures distantes. Pattes et antennes très-grêles. Tarses antérieurs simples (*L. sericeus*) *ou dilatés* (*L. angustatus*) *et de 5 articles chez le mâle, simples et de 4 articles chez la femelle* (1).

Genre extrêmement remarquable, de forme aberrante et dont on a longtemps méconnu les affinités naturelles en le rangeant parmi les Scydménides. La découverte des *Pholeuon* et autres genres voisins ne peut laisser aucun doute sur la place qu'il doit occuper ici.

Ses espèces paraissent propres aux provinces méridionales de l'Autriche et sont exclusivement cavernicoles.

1. *L. Schmidti*, Motsch., *Etud. ent.*, 1856, p. 35.

Carniole : grotte de Treffen. D'après l'auteur, cet insecte serait encore plus grand et plus convexe que le *L. Hohenwarti*; son prothorax paraîtrait plus allongé, et ses élytres plus distinctement ponctuées et plus obtuses postérieurement.

2. *L. Hohenwarti*, Schmidt, *Illyrisches Blatt*, 1832, n° 3, p. 9; *Faunus von Gistl*, I, fasc. 2, 1834, p. 83. — Sturm, *Ins.*, XX, p. 93, pl. CCCLXXVI, fig. A. — Khevenh., *Verh. zool. bot. Ver. Wien.*, I, p. 105. — Jacq. Duv., *Genera Col.*, pl. XXXVIII, fig. 190. — *Troglodytes*, Schiödte (*Stagobius*), *Spec. Fn. subterr.*, 1849, p. 16, pl. I, fig. 1.

Carniole : grottes d'Adelsberg et de la Madeleine; grotte du Nanosberg et Merzla jama (*grotte froide*) au pied du Kreuzberg, non loin de

(1) Nous avons pensé qu'il ne serait pas inutile de donner ici la caractéristique des genres de Silphides aveugles, qui mériteraient peut-être une révision générale.

Zirknitz; H. Müller l'a également rencontré dans une autre grotte de Carinthie, dont il ne cite pas le nom.

Cette espèce est la première et peut-être la plus belle découverte qui ait été faite dans les grottes; elle est due au comte de Hohenwart, qui trouva le premier *Leptodirus* en 1831 dans la grotte d'Adelsberg, à l'endroit désigné sous le nom de Calvaire.

Le *L. Hohenwarti* se prend sur les stalactites en voie de formation; il marche avec lenteur, en élevant son corps sur ses longues pattes comme sur des échasses. Il s'arrête quand un bruit quelconque vient le frapper, abaisse son corps contre le sol, étend ses pattes, redresse ses antennes et reste immobile jusqu'à ce qu'on le touche. Il semble être la proie du grand Cheliféride aveugle, le *Blothrus spelæus*, Schiödte.

3. *L. angustatus*, Schmidt, *Laibacher Zeitung*, 1852 (feuilleton du 4 août); *Stettin. ent. Zeit.*, 1852, p. 381; *Lotos, Zeitschr. f. Naturwiss.*, II, p. 242. — Sturm, *Ins.*, XXII, p. 83, pl. CCCCVI.

Carniole centrale : Intérieur de la Volga jama (grotte du loup), à Podkraj, où ne pénètre aucun rayon de lumière; il se cache entre les fissures des pierres. Grotte du Nanosberg (H. Müller).

Espèce glabre, comme les précédentes, mais beaucoup plus allongée, et paraissant bien moins commune que le *L. Hohenwarti*.

4. *L. sericeus*, Schmidt, *Laibacher Zeit.*, 1852, n° 146 (feuilleton du 4 août); *Stettin Zeit.*, 1852, p. 382; *Lotos, Zeitschr. f. Naturwiss.*, II, p. 243. — Sturm, *loc. cit.*, p. 86, pl. CCCCVII. — Motsch., *Bull. Mosc.*, 1869, p. 253. — (Var. *intermedius*), Hampe, *Berlin. ent. Zeits.*, 1870, p. 332.

La forme typique a été découverte, en 1852, par F. Schmidt dans l'intérieur de la grotte Cuba (ou Goba) dol (Basse-Carniole). La variété *intermedius* provient de la grotte d'Oszail (Croatie).

Le *Leptodirus sericeus* se distingue de tous les autres par la pubescence fine et écartée qui recouvre le corps.

2° Genre Pholeuon, Hampe, *Verh. zool. b. Ver. Wien.*, VI, 1856, p. 463.

Tête normale. Yeux nuls. Prothorax subcordiforme. Ecusson normal. Elytres ovales-oblongues, ne dépassant pas l'extrémité de l'abdomen, densément pubescentes, très-finement ponctuées ou transversalement ridées, sans côtes dorsales ni bord latéral relevé. Hanches postérieures distantes. Tarses antérieurs dilatés et de cinq articles chez le mâle, simples et de quatre articles chez la femelle.

Insectes exclusivement cavernicoles, différant des *Adelops* par l'écartement des hanches postérieures.

1. *Ph. angusticolle*, Hampe, *loc. cit.*, VI, 1856, p. 463, pl. VII.

Hongrie : grotte Vuntsassze (*Hudje ismeïlor*, en roumain), dans les montagnes de Bihar, près des limites de la Transylvanie, vers 4500 pieds d'altitude.

2. *Ph. gracile*, Friwald, *Wien. ent. Monats.*, 1861, p. 387; *Schriften der ungarischen Acad.*, 1865, p. 184, pl. X, fig. 3. — Mars., *l'Abeille*, IV, p. (21).

Hongrie : dans une grotte du cirque de Kalaota-Hottero, dans le midi du comitat de Bihar.

3. *Ph. leptodirum*, Friwald., *Verh. zool. b. Ver. Wien.*, VII, 1857, p. 44; *Schriften d. ungar. Acad.*, 1865, p. 183, pl. X, fig. 2.

Hongrie : grotte de Funacza, dans le midi du comitat de Bihar. Il se tient dans les endroits humides ou grimpe sur les stalactites.

4. *Ph. Querilhaci*, Lespès (*Leptoderus*), *Ann. Sc. Nat.*, 1857, p. 283, pl. XVII, fig. 10. — Fairm., *Ann. Soc. ent. Fr.*, 1859, p. 31, pl. I, fig. 1.

Dans presque toutes les grottes de la vallée de l'Ariége : environs de Foix (grotte de l'Herm, etc.), et surtout de Tarascon-sur-Ariége et d'Ussat. Il est très-commun dans la grotte de Lombrive et dans celle de Sabart, qui d'ailleurs communiquent entre elles. On l'a pris aussi dans la petite grotte de Peyrounard, près du Mas-d'Azil.

Le *Ph. Querilhaci* a été découvert par Lespès dans la grande grotte de Niaux.

Il court sur le sol autour des flaques d'eau et recherche, comme les *Adelops*, les matières excrémentielles et les appâts de viande. Les débris de torches en paille dont se servent les guides dans les explorations des grottes l'attirent également, lorsqu'ils commencent à se décomposer.

3° Genre ORYOTUS, Miller, *Verh. zool. b. Ver. Wien.*, VI, 1856, p. 627.

Mêmes caractères que les Pholeuon. D'après Miller, les élytres se prolongent davantage au sommet et les tarses antérieurs n'ont que quatre articles dans les deux sexes; les deux premiers sont dilatés chez le mâle.

L'auteur ne dit pas si les hanches postérieures sont distantes ou contiguës.

1. *O. Schmidti*, Miller, *loc. cit.*, 1856, p. 627, pl. VIII, fig. 1.

Carniole centrale : grotte Volcja jama. — Découvert en petit nombre par F. Schmidt.

4° Genre SPELÆOCHLAMYS, Dieck, *Heyden's Reise n. südl. Spanien*, 1870, p. 93.

Yeux nuls. Prothorax plus étroit que les élytres, rétréci de la base au sommet, ses angles postérieurs impressionnés, réfléchis, très-aigus. Elytres très-convexes, dépassant de beaucoup la longueur de l'abdomen, terminées en pointe très-aiguë et déhiscentes au sommet; leur bord latéral largement réfléchi vers les épaules. Tarses antérieurs de quatre articles (au moins dans l'un des sexes).

Genre des plus remarquables par ses formes et sa station méridionale. La seule espèce connue est longue de 2 à 2mm 1/4. Son prothorax rappelle celui des Cébrionides et ses élytres présentent la terminaison bien connue des élytres du *Lixus paraplecticus*, Linn.

1. *S. Ehlersi*, Dieck, *loc. cit.*, 1870, p. 94.

Province d'Alicante : grande caverne près d'Alcoy; quelques exemplaires découverts par M. Ehlers, de Carthagène.

5° Genre DRIMEOTUS, Miller, *Verh. zool. b. Ver. Wien.*, VI, 1856, p. 635.

Yeux nuls. Elytres ovales, ne dépassant pas l'abdomen, chargées, sur le disque, de nervures longitudinales plus ou moins prononcées, largement et profondément creusées en gouttière sur les côtés, avec le bord externe relevé et coupant. Tarses antérieurs de cinq articles chez le mâle, de quatre chez la femelle.

1. *D. Kovacsi*, Miller, *loc. cit.*, 1856, p. 636, pl. VIII, fig. 2.

Hongrie : grotte d'Igricz, pas rare (1). — Découvert par MM. de Friwaldsky et retrouvé plus tard par le Dr Kovacs.

2. *D. Kraatzi*, Friwald., *loc. cit.*, 1857, p. 45; *Schrift. d. ungar. Acad.*, 1865, p. 185, pl. x, fig. 4.

Hongrie : grotte près de Fericze, dans la partie méridionale du comitat de Bihar. — Se tient dans les endroits humides et se nourrit des divers débris d'insectes qu'apportent les chauves-souris.

6° Genre Adelops (2), Tellkampf, *Wiegm. Archiv.*, 1844, I, p. 318.

Bathyscia, Schiödte, 1849.—*Quæstus*, Schf., 1861.—*Quæsticulus*, Schf., 1861.

Yeux nuls. Prothorax de forme variable. Elytres normales, sans bordure réfléchie en gouttière, généralement striolées transversalement, avec ou sans strie suturale. Hanches postérieures contiguës. — Tarses antérieurs de cinq articles (3), *dilatés ou non, chez les mâles, simples et de quatre articles chez les femelles.*

La première espèce d'*Adelops* (*hirta*, Tellk.) a été découverte dans la grotte du Mammouth (Kentucky) et publiée en 1844. De nouvelles recherches faites en Europe ont successivement enrichi ce genre, dans ces dernières années surtout, d'un nombre considérable d'espèces. On en compte aujourd'hui, sans parler de l'espèce américaine, 65 décrites, et quelques autres, connues depuis longtemps, sont encore inédites. Les diverses explorations de l'Ariége et du nord de l'Espagne, dont les résultats ont été si féconds, peuvent d'ailleurs donner une idée des découvertes que réservent encore les parties inexplorées.

Le genre *Adelops* compte des représentants en Angleterre, sur divers

(1) La citation de Miller, au sujet de la grotte de Fericze, s'applique au *D. Kraatzi*.

(2) Nom féminin, comme tous ceux qui dérivent de la même racine.

(3) Chez certaines espèces, *A. inferna* et *Delarouzeei*, par exemple, on ne distingue que très-difficilement la présence d'un cinquième article chez le mâle.

points de la France (1), en Hongrie et dans les provinces méridionales de l'Autriche, sur le continent italien, dans les îles de Sardaigne et de Corse (2), en Espagne et en Syrie (3). Les uns, et c'est le plus grand nombre, paraissent essentiellement cavernicoles et localisés par espèces soit dans une grotte spéciale, soit dans un groupe de grottes restreint, de même formation ou communiquant entre elles; d'autres, moins exclusifs dans leur habitat, se trouvent indifféremment à l'air libre, sous les grosses pierres, les mousses, les détritus végétaux, ou dans les grottes, mais le plus souvent à l'entrée.

Les *Adelops* ont des mœurs analogues à celles des *Choleva*, Latr. (4), et, comme elles, se nourrissent de matières azotées : excréments frais des mammifères, débris végétaux ou animaux en décomposition. On verra plus loin que l'*A. Gestroi*, Fairm., a été découvert dans une grotte de Sardaigne, sous le cadavre d'un *Rhinolophus;* plus de 300 individus se partageaient cette seule proie. Au contraire, les couches de guano qui couvrent le sol dans certaines grottes infestées de chauves-souris semblent les éloigner, et, si l'on rencontre des *Adelops* dans des cavernes de ce genre, c'est seulement autour des déjections récentes et isolées de ces insectivores.

(1) Outre les *Adelops* français mentionnés plus loin, on en connaît au moins trois espèces inédites : ***A. Linderi***, de la grotte de Saint-Martin (Ardèche), ***A. Chardoni***, de la grotte d'Axat, près Narbonne, et une espèce, sans désignation spéciale, des mousses du Lioran (Cantal).

(2) ***Adelops corsica***, espèce inédite, l'une des nombreuses découvertes de Raymond. — M. Leprieur a également découvert, dans la grotte dite *Buco dell' Orso*, à Lalio, au-dessus du lac de Côme, une espèce d'***Adelops*** qui n'a pas été publiée.

(3) M. de la Brûlerie a pris un ***Adelops*** sous une pierre au mont Carmel, et M. de Saulcy en a trouvé un dans le Liban, près de Beyrouth, sur les bords du Nahr-el-Kelb, à la sortie d'une grotte occupée par un torrent.

(4) Le genre ***Choleva*** se compose d'un certain nombre d'espèces dont le faciès rappelle l'***Oryotus Schmidti;*** elles sont oculées, mais elles semblent, surtout dans les grottes non calcaires des Alpes et dans les cavernes naturelles ou artificielles des pays chauds (Syrie, Mexique), remplacer les ***Adelops***. Le seul représentant de la famille des Silphides, trouvé par Bilimek dans la grotte de Cacahuamilpa, près de Mexico, est une ***Choleva***, décrite sous le nom de ***spelæa*** (*Verh. zool. b. Ver. Wien.*, 1867, p. 902). On trouve aussi la ***C. cisteloides*** dans les grottes de l'Ariége, côte à côte avec les ***Adelops***, mais surtout à l'entrée.

Outre le nom de *Bathyscia*, publié par M. Schiödte, il en a été créé deux par Schaufuss pour les espèces dont les mâles ont cinq articles bien détachés; l'un, *Quæstus*, s'appliquait aux *Adelops* dont les mâles ont les tarses antérieurs dilatés; l'autre, *Quæsticulus*, à ceux dont les tarses antérieurs sont simples dans les deux sexes. Ces démembrements ont été rejetés avec raison.

Les *Adelops* mériteraient, à plus d'un titre, une révision générale. Les seuls travaux d'ensemble qui les concernent sont un Mémoire de M. Miller, intitulé : *Beiträge zur Grotten-Fauna Krains* (*Verh. zool. bot. Ver. Wien.*, 1855, p. 505) et le *Synopsis des Adelops pyrénéens* publié en 1872 par M. F. de Saulcy, dans les *Etudes sur les Coléoptères cavernicoles* de M. Abeille de Perrin.

1. *A. Kiesenwetteri*, Dieck, *Diagn. n. blind. Kæf.*, p. 6; *Berlin. ent. Zeits.*, 1869, p. 350.— Mars., *l'Abeille*, IX, p. 49.

Catalogne : grotte de Montserrat, vers le fond, dans la partie désignée sous le nom de *Sala de la Dama blanca;* très-commun par places, courant assez rapidement sur l'argile humide et sur les parois. Découvert en 1868 par M. Dieck et retrouvé depuis par M. René Oberthür. M. Dieck l'a pris également dans la grotte de Tarrasa.

Cette espèce est très-remarquable par le rétrécissement de son prothorax en arrière; ce caractère lui est spécial et la rapproche des *Pholeuon*.

2. *A. Milleri*, Schmidt, *Verh. zool. b. Ver. Wien.*, 1855, p. 1.— Miller, *loc. cit.*, p. 505.

Haute Carniole : grotte de Pasiza et grotte du Mokriz-Berg. Découverte par F. Schmidt.

3. *A. Bonvouloiri*, Duval, *Glan. ent.*, I, 1859, p. 34.—Saulcy, *Synops.*, p. 18.

Pyrénées-Orientales : grotte de Villefranche, très-commun. Découvert par Jacquelin Duval.

4. *A. triangulum*, Sharp, *Anales Soc. Esp. Hist. nat.*, I, 1873, p. 268.

Espagne : grottes de Cuanes et de Cuasande, à Labra, à 3 ou 4 heures de marche de Potes (province de Santander). Assez rare. Grimpe sur les parois et la voûte dans les endroits recouverts d'une efflorescence blanche. — L'*Adelops Perezi*, Sharp, se trouve dans la même grotte.

5. *A. Ehlersi*, Abeille de Perr., *Synops.*, 1872, p. 17. — Mars., *l'Abeille*, IX, p. 44.

Ariége : grotte de Saleich. Découvert par M. Ehlers en 1870. C'est la plus grande espèce de France. On n'en connait que la femelle.

6. *A. Diecki*, Saulcy, *Synops.*, 1872, p. 18. — Mars., *l'Abeille*, IX, p. 45.

Ariége : grotte d'Aubert, près Saint-Girons ; rare. Découvert en 1868 par M. Dieck.

7. *A. pyrenæa*, Lespès, *Ann. Sc. nat.*, 1857, p. 283, pl. XVII, fig. 16-17. — Saulcy, *Synops.*, p. 18.

Ariége, environs de Tarascon : grottes de Bédeilhac, de Sabart, de Lombrive (ou des Echelles), de Fontanet et de Saras, près Ussat.

8. *A. Dohrni*, Schauf., *Stettin. ent. Zeit.*, 1862, p. 126.— *Bonvouloiri*, Schauf., olim (*Quæstus*), *loc. cit.*, 1861, p. 426.

Cette espèce a été décrite par Schaufuss sur des exemplaires envoyés de Paris par M. Fairmaire à M. Dohrn avec cette simple indication : « Pyr. cav. » Après l'avoir considérée comme l'*A. Bonvouloiri* de J. Duval, Schaufuss l'en a séparée plus tard sous le nom de *Dohrni*. Il y a tout lieu de croire cependant que cet insecte est synonyme de l'une des espèces décrites par les auteurs français ; M. de Saulcy a omis de le citer dans le Synopsis des *Adelops* pyrénéens.

9. *A. Barnevillei*, Saulcy, *Synops.*, 1872, p. 18. — Mars., *l'Abeille*, IX, p. 45.

Ariége : grotte de Bédeilhac, aux environs de Tarascon. Un mâle et une femelle découverts sous une pierre par M. Abeille de Perrin.

10. *A. Discontignyi*, Saulcy, *Synops.*, 1872, p. 18. — Mars., *l'Abeille*, IX, p. 45.

Ariége : grotte supérieure du Queire (ou Ker), à Massat. Découvert par M. de Saulcy et retrouvé par M. de la Brûlerie.

11. *A. Novem-Fontium*, La Brûl., *Ann. Soc. ent. Fr.*, 1872, p. 445.

Ariége : grotte de Neuf-Fonts, près d'Aulus-les-Bains ; commun près du fond de la grotte sous de petits tas de cailloux roulés, formant une couche assez épaisse. On peut l'attirer en déposant sur le sol un appât de viande crue. Découvert par MM. Léveillé et de la Brûlerie.

12. *A. Pericri*, La Brûl., *loc. cit.*, 1872, p. 446.

Ariége : grotte de Lavelanet, chef-lieu de canton, à 27 kil. de Foix ; M. de la Brûlerie, qui a découvert cette espèce, en a recueilli une dizaine d'exemplaires sur les parois de la grotte, dont le sol est presque entièrement occupé par un cours d'eau abondant.

13. *A. curvipes*, La Brûl., *loc. cit.*, 1872, p. 444.

Ariége ; grottes de Rieufourcand et de Lamparou, près de Bélesta ; assez commun. Découvert également par M. de la Brûlerie.

14. *A. longicornis*, Saulcy, *Synops.*, 1872, p. 19.— Mars., *l'Abeille*, IX, p. 47.

Ariége : grotte de Sarguet ou Crampagna, près Varilhes; commun. Découvert en 1870 par MM. de Bonvouloir, Abeille et Ehlers.

15. *A. Saulcyi*, Abeille de Perr., *Synops.*, 1872, p. 18. — Mars., *l'Abeille*, IX, p. 47.

Ariége : grotte de Montesquieu de Lavantès ; assez commun (1). Découvert dans la même exploration que le précédent.

16. *A. Piochardi*, Abeille de Perr., *Ann. Soc. ent. Fr.*, 1873, Bull., p. XCVIII.

Ariége : grotte de la Bastide de Sérou.

17. *A. hermensis*, Abeille de Perr., *loc. cit.*, 1873, Bull., p. XCVIII.

Ariége : grotte de l'Herm. Découvert par MM. Abeille et de la Brûlerie. On ne connait pas encore le mâle de cette espèce.

18. *A. Abeillei*, Saulcy, *Synops.*, 1872, p. 20. — Mars., *l'Abeille*, IX, p. 48.

Ariége : grotte du Mas d'Azil, chambre de la Fontaine ; très-commun (2). Découvert en 1870 par MM. Abeille, de Bonvouloir et Ehlers.

(1) Les exemplaires indiqués de la grotte d'Olot, dans la description de l'*A. Abeillei*, se rapportent à l'*A. stygia*.

(2) Les individus indiqués (Saulcy, *loc. cit.*) de la Bastide de Sérou se rapportent à l'*A. Piochardi* et ceux de l'Herm, à l'*A. hermensis*.

19. *A. stygia*, Dieck, *Diag. n. blind. Kæf.*; *Berlin. ent. Zeits.*, 1869, p. 348. — Saulcy, *Synops.*, p. 20. — Mars., *l'Abeille*, IX, p. 52.

Ariége : grotte d'Olot, près Saint-Girons, grimpant le long des parois près de l'entrée. Découvert par M. Dieck. M. de Saulcy l'avait confondu d'abord avec l'*A. Abeillei*.

20. *A. clavata*, Saulcy, *Synops.*, 1872, p. 20. — Mars., *l'Abeille*, IX, p. 48.

Ariége : grottes de Moulis, d'Aubert et de Fonsaint; commun dans les deux premières dans le sable piétiné. Découvert par M. Dieck, mais confondu jusqu'en 1872 avec l'*A. stygia*.

21. *A. crassicornis*, La Brûl., *Ann. Soc. ent. Fr.*, 1872, p. 447.

Ariége : petite grotte de Peyrounard, près du Mas d'Azil, cavité peu profonde qui n'est absolument obscure dans aucune de ses parties. Découvert par M. de la Brûlerie.

22. *A. zophosina*, Saulcy, *Synops.*, 1872, p. 21. — Mars., *l'Abeille*, IX, p. 49.

Ariége : un ♂ et une ♀ de la collection de M. F. de Saulcy, qui les a recueillis dans une grotte (près de Prat?). — Ne viendraient-ils pas plutôt de la grotte du Queire, explorée par M. de Saulcy? Dans ce cas, l'*A. oviformis* en serait synonyme.

23. *A. oviformis*, La Brûl., *loc. cit.*, 1872, p. 447.

Ariége : dans les deux grandes cavernes superposées du Queire (ou Ker), près de Massat; vit en compagnie de l'*A. Discontignyi* dans la grotte supérieure. On le prend autour des crottes de chauves-souris fraîches et isolées. — M. de la Brûlerie l'avait considéré d'abord comme étant l'*A. zophosina*. L'examen des types pourrait seul trancher la question.

24. *A. Gestroi*, Fairm., *Ann. Mus. civ. Genova*, III, 1872, p. 54.

Ile de Sardaigne : grotte d'Ulassai (province de Lanusci). Découvert par M. le Dr Gestro, qui en a recueilli plus de 300 exemplaires sous le cadavre d'un *Rhinolophus*.

25. *A. speluncarum*, Delarouz., *Ann. Soc. ent. Fr.*, 1857, Bull., p. 94. — Saulcy, *Synops.*, p. 21.

Basses-Pyrénées : grotte de Bétharram, commun.

26. *A. Delarouzeei*, Fairm., *Ann. Soc. ent. Fr.*, 1860, p. 631. — Saulcy, *Synops.*, p. 23. — *Brucki*, Fairm., *Cat. Gren. Matér.*, p. 8.

Pyrénées-Orientales, vallée du Teich : grottes de Montferret et de la Preste. Découvert par Delarouzée et le Dr Grenier.

27. *A. inferna*, Dieck, *Diagn. n. blind. Kæf.*, p. 5 ; *Berlin, ent. Zeits.*, 1869, p. 348. — Saulcy, *Synops.*, p. 23. — Mars., *l'Abeille*, IX, p. 16.

Ariége : grotte de Saleich, près Saint-Girons, et grotte d'Estellas ; pas rare près des flaques d'eau et des petits amas de détritus. Découvert par M. Dieck.

28. *A. vasconica*, La Brûl., *Ann. Soc. ent. Fr.*, 1872, p. 448.

Pyrénées Cantabriques : dans trois grottes au sommet de la Peña de Orduña, près d'Orduña (province de Vitoria); assez commun dans la grotte dite *Cueva-de-Albia*, plus rare dans les deux autres. Découvert par M. de la Brûlerie.

29. *A. Crotchi*, Sharp, *Anales Soc. Esp. Hist. nat.*, 1872, I, p. 270. — La Brûl., *loc. cit.*, 1872, p. 449.

Province de Pampelune : grotte dite *Cueva de Ulayar* et une des grottes de Orobe, près d'Alsasua. Découvert par MM. Crotch, de Uhagon et de la Brûlerie.

30. *A. Cisnerosi*, Perez-Arcas, *Anales Soc. Esp. Hist. nat.*, 1872, I, p. 127.

Espagne : grotte de Reguerillo (cerca de Torrelaguna); commun. Découvert par M. Perez-Arcas.

31. *A. arcana*, Schauf. (*Quæstus*), *Stett. ent. Zeit.*, 1861, p. 427, pl. I, fig. 1.

Pyrénées Cantabriques. — Schaufuss l'a découvert dans trois grottes qu'il a omis de désigner autrement.

32. *A. acuminata*, Miller, *Verh. zool. b. Ver. Wien.*, 1855, p. 507.

Basse Carniole : grotte de Treffen.

33. *A. byssina*, Schiödte (*Bathyscia*), *Spec. Fn. subt.*, 1849, p. 10, pl. II,

fig. 1, a. — Kiesw., *Ann. Soc. ent. Fr.*, 1851, p. 396. — Miller, *Verh. zool. b. Ver. Wien.*, 1855, p. 507.

Carniole centrale : grotte d'Adelsberg, dans les masses de *Byssus fulvus* (*Ozonium auricomum*, Link), humectées par l'eau qui tombe goutte à goutte. Trouvé par M. Schiödte dans l'intérieur de la grotte, à l'endroit désigné sous le nom de Calvaire.

34. *A. globosa*, Miller, *Verh. zool. b. Ver. Wien.*, 1855, p. 507.

Carinthie : grotte de Ledenica à Gr. Liplein; découvert en 1854 par M. H. Hauffen.

35. *A. Freyeri*, Miller, *loc. cit.*, 1855, p. 506.

Carniole : grotte Dolga jama dans le Sumberg, à deux heures et demie de Laibach (Haute Carniole) ; découvert par F. Schmidt ; trouvé également dans la grotte d'Ihansca (1) et dans celle de Postovka (Basse Carniole).

36. *A. croatica*, Miller, *loc. cit.*, 1867, p. 551. — Mars., *l'Abeille*, VI, p. 106.

Croatie : grotte d'Ozalj ; découvert par le professeur Sapetza.

37. *A. Khevenhulleri*, Miller, *loc. cit.*, 1852, p. 131 ; 1855, p. 506.

Carniole centrale : grottes d'Adelsberg et de Gabrovica (MM. Miller et Freyer l'ont pris abondamment dans cette dernière) ; grotte de Fernece, près Sesana. — Haute Carniole : grotte Douga jama, à Aich, à 3 heures de Laibach, commun, principalement sur le sol humide, sous les pierres qui recouvrent des détritus végétaux. H. Müller l'a pris également dans une petite grotte voisine de la précédente; cette grotte, profonde de 6 toises à peine, n'était complétement obscure que dans les coins les plus reculés.

38. *A. narentina*, Miller, *Wien. ent. Monats.*, 1861, p. 206. — Mars., *l'Abeille*, IV, p. (21).

Dalmatie : grotte de Narenta, avec le *Pristonychus Æacus*, Mill.

(1) C'est probablement l'*A. pilosa*, Mill., *in litt.*, cité par H. Müller comme trouvé abondamment dans la Ihanca jama, grotte près d'Aich, où on le prend sous les pierres ou courant au milieu des crottes de chauve-souris.

39. *A. pruinosa*, Schauf., *Sitzb. Ges. Isis.*, année 1862, p. 145 (1863); *Verh. zool. b. Ver. Wien.*, 1863, p. 1222.

Grottes de Dalmatie.

40. *A. lucidula*, Delarouz., *Ann. Soc. ent. Fr.*, 1860, Bull., p. 27.

Hérault : grotte des Demoiselles, près Montpellier, sous des détritus de paille moisie, à une grande profondeur. Découvert par Delarouzée en 1859.

41. *A. galloprovincialis*, Fairm., *Ann. Soc. ent. Fr.*, 1860, p. 631.

Var. : grotte innomée dans la montagne, à 4 heures de Toulon; très-rare. Découvert par M. F. Aubert.

42. *A. Doriæ*, Fairm., *Ann. Mus. civ. Genova*, III, 1872, p. 55.

Province de Gênes : grotte du mont Ceppo, au-dessus de Fabiano, au côté ouest du golfe de la Spezia, commun.

43. *A. Perezi*, Sharp, *Anales Soc. Esp. Hist. nat.*, I, 1873, p. 269.

Nord de l'Espagne : grotte de Cuanes et de Cuasande, à Labra, à 3 ou 4 heures de marche de Potes (province de Santander), avec l'*Ad. triangulum*, mais en très-petit nombre.

44. *A. adnexa*, Schauf. (*Quæsticulus*), *Stett. ent. Zeit.*, 1861, p. 427, pl. I, fig. 1.

Nord de l'Espagne : grotte de Panes (province de Burgos) entre Potes et Bilbao. Cette grotte est creusée sous une prairie ; on en atteint l'extrémité au bout d'une quinzaine de pas. Découvert par Schauffuss.

45. *A. Erberi*, Schauf., *Sitzb. Ges. Isis*, 1863, p. 145; *Verh. zool. b. Ver. Wien.*, 1863, p. 1221 (1).

(1) Ici viendraient se placer un certain nombre d'*Adelops* vivant exclusivement ou partiellement en dehors des grottes, sous les pierres, dans les mousses, sous les feuilles mortes, etc. Ces espèces sont loin d'être aussi limitées dans leur habitat que les précédentes, et quelques-unes s'écartent beaucoup des régions montagneuses. Certaines d'entre elles, cependant, se retrouvent aussi dans les grottes et parfois en grand nombre.

1. *A. celata*, Hampe, *Wien. ent. Monatschr.*, 1861, p. 65. — Agram, sous les feuilles mortes.

2. *A. tarsalis*, Kiesw., *Berlin. ent. Zeits.*, 1861, p. 377. — Mont Rose.

3. *A. Kerimi*, Fairm., *Ann. Mus. civ. Genova*, 1872, III, p. 54. — Mont

Grotte (?) de Dalmatie.

Rose, Riva de Valdobbia, commun sous les amas de feuilles humides.

4. *A. Schiödtei*, Kiesw., 1850. — Saulcy, *Synops.*, p. 21. — *meridionalis*, Duv. — *grandis*, Fairm.—Pyrénées francaises depuis l'Ariége jusqu'à Bayonne et Pyrénées Cantabriques; commun sous les pierres et sous les mousses, ainsi que dans la plupart des grottes, surtout celles de Bétharram et d'Arudy (Basses-Pyrénées).

Cette espèce se trouve aussi, mais très-rarement, aux environs de Bordeaux, où on l'a prise sous de très-grosses pierres dans un marais; quant à l'*A. Schiödtei* cité par M. Dieck (*Berlin. ent. Zeits.*, 1870, p. 400) comme trouvé à l'Ospedale (Corse), ne se rapporterait-il pas plutôt à l'*A. corsica*, espèce encore inédite?

5. *A. rugosa*, Sharp, *Anales Soc. Esp. Hist. nat.*, I, 1873, p. 271. — Alsasua (province de Pampelune), sous les feuilles mortes en décomposition, parfois à l'entrée des grottes. Espèce bien voisine de l'*A. Schiödtei*, si toutefois elle ne lui est pas identique.

6. *A. Grenieri*, Saulcy, *Synops.*, 1872, p. 22. — Pyrénées-Orientales : Vernet-les-Bains, dans les mousses. — Les *Adelops Schiödtei*, cités de la Preste par M. de Kiesenwetter, se rapportent sans doute à cette espèce.

7. *A. subasperata*, Saulcy, *Synops.*, 1872, p. 22. — Ariége : un seul mâle, découvert dans les mousses, au-dessus d'Ornolac.

8. *A. Uhagoni*, Sharp, *Ann. Soc. Esp. Hist. nat.*, I, 1873, p. 271. — Reinosa (province de Santander), dans les bois; commun sous les feuilles et les mousses.

9. *A. ovata*, Kiesw., 1850. — Saulcy, *Synops.*, p. 22.— Pyrénées centrales; répandu sous les mousses et les feuilles mortes, rarement dans les grottes; cependant très-commun dans celle d'Aspet (Ariége), où il fourmille, surtout sous les pierres qui reposent sur une terre formée probablement de guano de chauves-souris ancien et dont la décomposition est achevée. Trouvé également dans la grotte de Saleich (Ariége).

10. *A. lapidicola*, Saulcy, *Synops.*, 1872, p. 22.— Ariége : sous les pierres, près des grottes d'Aubert et d'Estellas ; pénètre rarement dans l'intérieur des grottes.

11. *A. asperula*, Fairm., *Ann. Soc. ent. Fr.*, 1857, p. 131. — Espèce décrite sur un exemplaire d'origine douteuse (collection Ecoffet), étranger aux Pyrénées.

12. *A. sarteanensis*, Bargagli, *Bull. Soc. ent. Ital.*, II, 1870, p. 175; *loc. cit.*, III, 1871, p. 39, pl. I, fig. 1. — Italie : montagne de Cetona, à Sarteano, sous les feuilles en décomposition et les détritus.

13. *A. muscorum*, Dieck, *Berlin. ent. Zeits.*, 1869, p. 349.—Italie supérieure, dans les mousses.

16. *A. Hoffmanni*, Motsch. (*Bathyscia*), *Etud. ent.*, 1856, p. 36 (1).

14. *A. Wollastoni*, Janson, *Ent. Annual.*, 1857, p. 70, pl. I, fig. 8. — Angleterre : Finckley, au mois d'août. — France septentrionale : Lille; trouvé d'abord isolément dans une cave par M. Lethierry, puis retrouvé par M. de Norguet au mois de juillet dans un jardin, dans des racines d'iris, de lis et de lupin décomposées mais encore en terre. M. de Norguet en a pris plus de deux cents exemplaires, dans la même ville, en enterrant des pommes gâtées à 10 centimètres de profondeur. — Cancale (Ille-et-Vilaine), trouvé par M. Oberthür dans un jardin, également sous un amas de plantes en décomposition, à 10 centimètres de profondeur.

15. *A. montana*, Schiödte (*Bathyscia*), *Spec. Fn. subterr.*, 1849, p. 11, pl. II, fig. 1. — Carniole : à l'entrée des grottes, sous les feuilles mortes décomposées, avec le *Leptinus testaceus*, Müller (insecte qui se trouve accidentellement dans les grottes); très-commun au Schlossberg, à Laibach; trouvé également dans la grotte inférieure du Lueg, dans la terre et sous les pierres. — Cette espèce ne se trouve pas en France, malgré l'indication des catalogues de Marseul et Grenier.

L'*A. sylvestris*, Motsch., *Étud. ent.*, 1856, p. 36, ne peut être considéré comme décrit; l'auteur dit seulement qu'il est deux fois plus grand que l'*A. montana* et qu'il l'a pris en Carniole dans le Birnbaumer-Wald. Les *A. rotundata*, Motsch., *Bull. Moscou*, 1851, p. 578, du Schlossberg, et *triangularis*, Motsch., *loc. cit.*, p. 594, de Cattaro, doivent être également considérés comme non avenus.

(1) Les espèces suivantes ne paraissent pas cavernicoles. Pour deux d'entre elles, d'ailleurs, M. Fairmaire s'est contenté d'ajouter à ses diagnoses, publiées dans un journal allemand, cette laconique mention : « Gall. mer. »

1. *A. Aubei*, Kiesw., *Stettin. ent. Zeit.*, 1850, p. 233; *Ann. Soc. ent. Fr.*, 1851, p. 394. — Provence : découvert aux environs de Toulon, par Guérin-Méneville, dans un nid d'Hyménoptères du genre *Pompilus*; quelques individus ont été repris à Hyères par Raymond, à Draguignan par l'abbé Fournier, à Lorgues par M. Abeille de Perrin, ces derniers sous de grosses pierres enfoncées après les pluies d'automne, en compagnie du *Microtyphlus Schaumi* et de l'*Amaurops Aubei*. L'*Adelops Aubei* est commun au bord de l'Huveaune à Marseille, sous les feuilles mortes, d'après M. Abeille, qui l'a également repris avec le R. P. Belon, à Saint-Maximin (Var), vivant avec le *Lyreus subterraneus* contre des pieux enfoncés dans le sol.

2. *A. ovoidea*, Fairm., *Stettin. ent. Zeit.*, 1869, p. 231. — France méridionale.

3. *A. epuræoides*, Fairm., *loc. cit.*, 1869, p. 231. — France méridionale.

4. *A. subalpina*, Fairm., *loc. cit.*, 1869, p. 231. — Alpes françaises. — C'est

Grottes de Carniole (1).

très-probablement un *Adelops* découvert par M. Ch. de la Brûlerie, sous une grosse pierre, dans la forêt du Devez, au-dessus de Gap, et communiqué par lui à M. Fairmaire, qui en a perdu le type.

(1) On a trouvé dans les grottes quelques représentants de deux autres familles, qui se placent après les Silphides. La première comprend le genre *Anommatus*, Wesm., dont une espèce a été observée par H. Müller dans la grotte du Grosskalenberg (Carniole). Les *Anommatus*, comme les *Lyreus*, Aubé, *Langelandia*, Aubé, et *Aglenus*, Er., genres voisins et également aveugles, vivent sous les morceaux de bois humides adhérant au sol ou sous les pierres qui recouvrent des débris de bois; ils sont terricoles, mais aucun d'eux n'est propre aux grottes.

Quant aux Curculionides, on a longtemps considéré quelques-unes de leurs espèces comme exclusivement cavernicoles. Une simple observation fait écarter cette idée : les insectes de cette famille se nourrissent exclusivement de plantes phanérogames, et la flore des grottes n'en renferme aucune. D'ailleurs l'une des deux espèces signalées comme vivant dans les grottes s'est retrouvée depuis au dehors, et l'on ne peut invoquer l'exemple de l'autre, dont on ne connaît peut-être pas plus de deux ou trois individus.

Les *Otiorrhynchus*, Schönh., du groupe des *Troglorrhynchus*, Schmidt, caractérisé par l'atrophie de l'organe visuel, sont encore les seuls Curculionides que l'on ait rencontrés dans les grottes. Élevées d'abord au rang de genre par Schmidt (*Verh. zool. b. Ver. Wien.*, IV, 1854, p. 25), les espèces anophthalmes ont été réunies avec raison par M. Seidlitz à l'ancien genre de Schönherr. On sait, en effet, que le développement ou l'atrophie des yeux n'ont pas, pris isolément, de valeur générique, et déjà l'*O. planophthalmus*, Heyd. (*Reise nach süd. Spanien*, 1870, p. 151), découvert sous des mousses, dans la Sierra Nevada, présente une transition marquée entre le type normal et les espèces aveugles; ses yeux sont petits, déprimés et composés de facettes au milieu seulement.

Tandis que le genre *Otiorrhynchus* proprement dit compte environ trois cent cinquante espèces, le sous-genre *Troglorrhynchus* n'en comprend encore que sept :

1. *O. anophthalmus*, Schmidt (*Trogl.*), *Verh. zool. b. Ver. Wien.*, IV, 1854, p. 25. — Bargagli, *Bull. Soc. ent. Ital.*, III, 1871, p. 36. — Mars., *l'Abeille*, *Otiorh.*, p. 449. — Carniole : grottes du Grosskalenberg, à deux ou trois heures de Laibach et du Mokrizberg, sous les pierres ou sur les parois. Schmidt, qui a découvert cette espèce, l'a prise également à l'air libre, non loin de la grotte du Grosskalenberg, sous des feuilles au pied d'un rocher, et Kokeil l'a retrouvée sous un vieux morceau de bois, sur une montagne, dans la région des pins rabougris.

Ordre des ORTHOPTÈRES.

La famille des Locustides, du sous-ordre des Orthoptères sauteurs, est seule représentée dans la faune des grottes (1). Malheureusement ces espèces des Alpes d'Autriche et des Pyrénées sont assez mal décrites, et l'on manque de renseignements précis sur leurs caractères génériques et leur genre de vie.

M. Mahler (*Sitzb. zool. b. Ver. Wien.*, VI, 1856, p. 11) a pris dans la grotte de la Madeleine, près Adelsberg, un *Troglorrhynchus* différant du *T. anophthalmus* par la présence d'une dent à la partie inférieure des cuisses postérieures. Ce caractère est probablement spécifique, suivant la remarque de M. Gerstäcker (*Wiegm. Archiv.*, II, 1857, p. 362), et non pas sexuel, comme semblait le supposer M. Mahler.

2. *O. baldensis*, Czwalina (*Trogl.*), *Deutsch. ent. Zeits.*, 1875, p. 121. — Mont Baldo, près du sommet de l'Altissimo, sous les pierres.

3. *O. Martini*, Fairm. (*Trogl.*), *Ann. Soc. ent. Fr.*, 1862, p. 555; 1863, pl. III, fig. 9. — Bargagli, *loc. cit.*, p. 36. — Mars., *loc. cit.*, p. 450. — Pyrénées-Orientales : découvert par le D^r Ch. Martin dans la grotte de Villefranche.

4. *O. terricola*, Linder (*Trogl.*), *Cat. Gren. Matér.* (1863), p. 109; *Ann. Soc. ent. Fr.*, 1863, p. 484, pl. IX, fig. 7. — Bargagli, *loc. cit.*, p. 37. — Mars., *loc. cit.*, p. 451. — Pyrénées-Orientales : monts Albères, environ de Banyuls-sur-Mer, sous de très-grosses pierres profondément enfoncées dans le sol.

5. *O. Grenieri*, Allard (*Trogl.*), *l'Abeille*, V, 1868, p. 472. — Bargagli, *loc. cit.*, p. 37. — *poster*, Mars., *loc. cit.*, p. 419. — Corse.

6. *O. camaldulensis*, Rottenb. (*Trogl.*), *Berlin. ent. Zeits.*, 1870, p. 40. — Bargagli, *loc. cit.*, p. 37. — Mars., *loc. cit.*, p. 451. — Naples; un seul exemplaire trouvé par l'auteur sous des feuilles mortes, dans l'avenue du couvent de Camaldoli.

7. *O. latirostris*, Bargagli (*Trogl.*), *loc. cit.*, p. 37, pl. I, fig. 2. — Colline des environs de Sienne, sous un gros bloc de marbre blanc natif; quelques exemplaires trouvés par M. Bargagli.

Parmi les genres de Curculionides que leurs mœurs rapprochent le plus des *Troglorrhynchus*, on peut citer les *Torneuma*, Woll. (*Crypharis*, Fairm.), *Amaurorrhinus*, Fairm., *Alaocyba*, Perris et *Raymondia*, Aubé, insectes terricoles ou lapidicoles, également aveugles ou pourvus d'yeux tout à fait rudimentaires. Ils habitent presque tous les régions méditerranéennes.

(1) Quatre espèces exotiques de ce groupe sont décrites :

1. *Ceutophilus stygius*, Scudder (*Raphidophora*), *Proc. Bost. Soc. Nat. Hist.*, VIII, 1861, p. 9. — Grotte d'Hickman (Kentucky).

2. *Hadenœcus cavernarum*, Sauss. (*Raphidophora*), *Ann. Soc. ent. Fr.*,

Famille des LOCUSTIDES.

1° Genre CEUTOPHILUS, Scudder, *Proceed. of Boston Soc. of Nat. Hist.*, VII, 1863, p. 433.— *Raphidophora*, Scudder (*ad partem*).

1. *C. cavicola*, Koll. (*Locusta*), *Beitrage z. Landesk.*, III, Wien, 1833, p. 80. — Fisch., *Orth. Eur.*, p. 301. — *latebrarum*, Herr.-Schæff., *Nomencl.*, II, p. 15. — *latebricola*, Herr.-Schæff., *loc. cit.*, p. 62. — Scudder, *loc. cit.*, XII, 1869, p. 408.

Grottes de Carniole (Adelsberg, la Madeleine et Lueg.).

2? *C. Linderi*, L. Duf. (*Phalangopsis*), *Ann. Soc. ent. Fr.*, 1861, p. 13.

Grottes des Pyrénées-Orientales. — Espèce de genre incertain.

2° Genre HADENOECUS, Scudder, *loc. cit.*, 1863, p. 439. — *Raphidophora*, Scudder (*ad partem*).

1. *H. palpatus*, Sulzer (*Locusta*), *Abgek. Gesch. Ins.*, p. 83, pl. IX, fig. 2. — Charp., *Orth. descr. et dep.*, pl. XLIV. — Germ., *Zeitschr.*, III, p. 319. — Fisch., *Orth. Eur.*, p. 200, pl. XI, fig. 1-1. — *pupus europæus*, de Villers, *Ent.*, I, p. 451. — *araneiformis*, Germ., *Burm. Handb. d. Entom.*, II, p. 722. — Burm., *Handb. d. Entom.*, II, p. 1014. — Herr.-Schäff., *Nomencl.*, II, p. 15-26.

Espèce décrite de Sicile par Sulzer et indiquée par M. Scudder comme des grottes de l'Europe méridionale.

1861, p. 492. — *subterraneus*, Scudder, *loc. cit.*, 1861, p. 8. — Grotte du Mammouth (Kentucky).

3. *Hadenoecus Edwardsi*, Scudd., *loc. cit.*, XII, 1869, p. 408.—Grotte de Collingwood, baie du Massacre (Nouvelle-Zélande).

4. ? *Phalangopsis annulata*, Bilimek (*Verh. zool. b. Ver. Wien.*, 1867, p. 904). — Grotte de Cacahuamilpa, près de Mexico. Cette espèce se rencontre aussi dans les endroits sombres, dans l'intérieur de la ville.

Enfin M. de Saussure (*Ann. Soc. ent. de Fr.*, 1861), après avoir donné la description de l'*H. cavernarum*, ajoute ceci : « Il est probable qu'il existe une espèce analogue dans les grottes de Cuba, car j'ai aperçu, mais sans avoir pu réussir à m'en emparer, un insecte de ce genre dans la grotte de Matanzas (Cuba). »

On voit, par ce qui précède, que l'ordre des Orthoptères est le seul qui soit également représenté dans les grottes, en Europe, en Amérique et en Océanie.

5

Ordre des NÉVROPTÈRES.

On a cité plusieurs fois la présence de nombreuses Phryganides dans les grottes des Pyrénées. Nous n'avons trouvé aucune observation plus précise à cet égard.

Ordre des THYSANURES.

L'ordre des Thysanures est représenté dans les grottes d'Europe (1) par les familles des Smynthurides, des Podurides et des Lipurides (2). Nous ne saurions, d'ailleurs, affirmer que les espèces suivantes, décrites des grottes, soient exclusivement cavernicoles. De nouvelles observations devraient être faites à cet égard.

I. Famille des SMYNTHURIDES.

1° Genre Dicyrtoma, Bourlet, *Mém. sur les Podurelles*, 1843, p. 59.

1. *D. pygmæa*, Wankel, *Sitzb. d. math. naturw. Sect. Akad. Wiss. Wien.*, 1861, p. 256, pl. I, fig. 12-15.

Moravie : grottes de Slouper et de Sainte-Catherine, assez rare, dans les excréments de Chauves-Souris. Cette espèce, l'une des plus petites connues, est très-difficile à saisir; elle disparait avec une incroyable rapidité dès qu'on l'approche.

II. Famille des PODURIDES.

1° Genre Tritomurus, Frauenf., *Verh. zool. b. Ver. Wien.*, 1854, Sitzb., p. 17.

1. *T. scutellatus*, Frauenf., *loc. cit.*, 1854, p. 17.

Carniole : grotte de Treffen.

(1) On ne paraît avoir décrit aucune espèce de Thysanures des grottes de France ou d'Espagne.

(2) La famille des Lépismatides a pour représentant, dans les cavernes, le ***Lepisma anophthalmum***, Bilimek (*Verh. zool. b. Ver. Wien.*, 1867, p. 905), de la grotte de Cacahuamilpa, près Mexico. On peut citer encore, parmi les Thysa-

2. *T. macrocephalus*, Kolénati, *Sitzb. d. math. naturw. Sect. Akad. Wiss. Wien.*, 1858, p. 245, fig. 4.

Moravie : grotte de Slouper, commun en été sur les parois humides du travertin; se trouve aussi dans l'eau.

2° Genre HETEROMURUS, Wankel, *Sitzb. d. math. naturw. Sect. Akad. Wiss. Wien.*, 1861, p. 254.

1. *H. margaritarius*, Wankel, *loc. cit.*, 1861, p. 255, pl. I, fig. 4-11.

Moravie : grotte de Slouper, commun; généralement dans les endroits très-humides, sous les bois, le charbon ou sur le travertin; cette espèce, comme les *Anurophorus* et *Anura*, est la proie habituelle des Arachnides et Acarides de la grotte.

III. Famille des LIPURIDES.

1° Genre ANUROPHORUS, Nicolet, *Ann. Soc. ent. Fr.*, 1847, p. 384.

1. *A. stillicidii*, Schiödte, *Spec. Fn. subterr.*, 1849, p. 20, pl. II, fig. 2.

Carniole : intérieur de la grotte d'Adelsberg, assez commun dans les masses de *Byssus fulvus*, L. (*Ozonium auricomum*, Link.), humectées par le suintement de l'eau.

2. *A. gracilis*, J. Müller, *Beiträge zur Hohlen-Fauna Mährens, Lotos*, 1859, p. 30.

Grottes de Moravie.

2° Genre ANURA, P. Gervais, *Apt.*, t. III, 1844, p. 442.

Une espèce de ce genre a été décrite en 1859, par J. Müller (1), des grottes du calcaire dévonien de Moravie (2).

nures cavernicoles d'Amérique, la *Machylis* (*Triura*) *cavernicola*, Tellk. (*Arch. Wiegm.*, X, 1844, p. 321, pl. VIII, fig. 18), et la *Campodea Cookei*, Pack., des grottes du Kentucky.

(1) Nous n'avons pu nous procurer le *Lotos*, journal où sont décrits cette *Anura* et l'*Anurophorus gracilis* cité plus haut.

(2) Les *Smynthurus subterraneus*, Motsch., et *Podurella infernalis*, Motsch., de la grotte d'Adelsberg, n'ont pas été décrits (voyez *Bull. Nat. Moscou*, 1850, IV, p. 681), mais simplement nommés par Motschoulsky.

Ordre des HYMÉNOPTÈRES.

Les Hyménoptères trouvés jusqu'ici dans les grottes ne sont pas cavernicoles. Une Formicide, le *Lasius mixtus*, Nyl., dont les ouvrières ont été trouvées par M. de la Brûlerie dans la grotte de Peyort (Ariége), provenait évidemment de quelque galerie débouchant à l'air libre.

Ordre des LÉPIDOPTÈRES.

Les mœurs des Lépidoptères ne se prêtent guère au séjour exclusif des grottes. Une Tinéide, abondante dans les grottes de l'Ariége (1), y est peut-être attirée par les déjections des Chauves-Souris. Les Noctuelles des genres *Amphipyra*, Ochs., et *Mormo*, Hübn., aiment à pénétrer dans les cavernes des Pyrénées et dans les grandes cavités souterraines que l'on rencontre en Palestine. Une Géomètre, du groupe des *Larentia*, Tr., s'introduit souvent aussi dans les grottes de l'Ariége; on l'y trouve quelquefois à de grandes profondeurs, posée sur les parois, les ailes ruisselantes de gouttelettes d'eau. On a signalé également, dans la grotte de Lueg (Carniole), la présence de la *Larentia dubitata*, Tr.

Ordre des DIPTÈRES.

L'ordre des Diptères ne renferme peut-être aucun type exclusivement cavernicole. Cependant on peut citer ici la *Phora aptina*, Schiner et Egg. (*Verh. zool. b. Ver. Wien.*, 1853, Sitzb., p. 153), voisine de *Ph. maculata*, qui semble n'avoir encore été rencontrée que dans l'intérieur de la grotte d'Adelsberg, courant avec une extrême rapidité sur les stalactites, mais ne se servant jamais de ses ailes quand on la poursuit (2).

On a encore signalé la capture de l'*Heteromyza atricornis*, Meigen, dans la grotte de Baradla (Hongrie) et dans celles de Carniole; d'une *Trichocera* indéterminée, également dans la grotte de Baradla; des

(1) Bilimek (*Verh. zool. b. Ver. Wien.*, 1867, p. 903) a décrit une Tinéide (*Oryx impressipennella*) de la grotte de Cacahuamilpa, près Mexico.

(2) On connaît deux Diptères inédits de la caverne du Mammouth (Kentucky), une *Phora* et une *Anthomyia?* (Voyez *Journ. de Zool.*, t. III, p. 565). — Bilimek a également décrit un genre nouveau du même ordre, *Pholeomyia* (*leucozona*, Bilim., *loc. cit.*, p. 903) de la grotte de Cacahuamilpa.

Chironomus viridulus, *Bœtis bioculata* et d'une espèce du genre *Sciara*, Meig., dans la grotte d'Adelsberg.

Quant aux Diptères parasites des Chauves-Souris, ils doivent être nombreux dans les grottes. On a cité la *Nycteribia Schmidti* de la grotte de Lueg; il faudrait certainement en énumérer bien d'autres, mais ce ne sont pas là les hôtes particuliers des cavernes, pas plus que les Diptères dont les larves pullulent dans le guano de Chauves-Souris (1).

TABLE DES CLASSES ET DES GENRES

COMPRIS DANS CE MÉMOIRE.

(1) Aucun Hémiptère n'a été signalé dans les grottes.

PARIS. — IMPRIMERIE DE Mme Ve BOUCHARD-HUZARD, RUE DE L'ÉPERON, 5.

www.ingramcontent.com/pod-product-compliance
Ingram Content Group UK Ltd.
Pitfield, Milton Keynes, MK11 3LW, UK
UKHW022125260726
13993UKWH00003B/1248